中华茶道

李 楠／主编

修身养性、品味人生、享受茶文化的精神内涵

辽海出版社

叁

生活中无处不在的茶

一、饮茶防辐射

1. 电脑一族每天必喝的四怀茶

天天坐在电脑前的电脑一族，如果以坚持每天四杯茶，不但可以对抗辐射的侵害，还可保护眼睛。

上午一杯绿茶：绿茶中含强效的抗氧化剂以及维生素 C，不但可以清除体内的自由基，还能分泌出对抗紧张压力的荷尔蒙。绿茶中所含的少量咖啡因可以刺激中枢神经，振奋精神。

下午一杯菊花茶：菊花有明目清肝的作用，可加枸杞一起泡着喝，或是在菊花茶中加入适量蜂蜜，效果一样。

疲劳时可喝一杯枸杞茶：枸杞子含有丰富的 B - 胡萝卜素、维生素 B_1、维生素 C、钙、铁，具有补肝、益肾、明目的作用，对解决"电脑族"眼睛涩、疲劳都有功效。

晚间一杯决明茶：决明子有清热、明目、补脑髓、镇肝气、益筋骨的作用，若有便秘的人可在晚餐饭后饮用，对治疗便秘效果明显。

2. 荧屏面前常饮茶

电视的诞生，给人们的日常生活带来了影像和声音符号同步的视听新享受。世界上有许多人每天都要面对着电视屏幕度过大量闲暇时光。但是播放电视时，荧光屏会发出一些射线，这些射线对人体有害，尤其是对于长时间观看电视的人来说，能引起视觉疲劳和视力衰退。有试验表明，连续看电视四五个小时，人的视力会暂时减退30%。而对长期从事电脑、监视器工作的人员来说，每天都要长时间、近距离地面对荧屏，对眼睛的损害不可小视。为了减轻这些射线的影响，看电视时常喝杯茶，可把这种辐射降到最低。

茶叶中含有多种维生素和一些微量元素，甚至比许多水果中的含量还多，对人体健康有许多好处。茶中的维生素 A，有利于恢复和防止视力衰退；维生素 B_2 对眼睑、眼睛的结膜和角膜有保护作用，缺了它，常会引起流泪、视力模糊；维生素 C 是眼睛晶状体中的重要营养成分，不足时会使晶状体受损，变得混浊；维生素 D 直接参与视网膜的杆状细胞内视紫质的合成，以维持视觉的正常。微量元素锌则是维生素 A 在人体内运转的必需物质。如果维生素 D 或者锌不足，会减弱眼睛的暗适应力和辨色能力。另外，茶中还含有 B - 胡萝卜素、钼、钙、脂多糖、茶多酚类物质，它们也有减轻视觉疲劳和防辐射的效用。

其实，屏幕射线对人体的损害还不仅仅是视力，还会对神经、免疫力、心血管系统等有不利影响，只是表现得不如视力那么直接罢了。饮茶对减轻屏幕射线的危害很有益，最直接的一个作用就是饮茶能够增加排尿，将毒素排出，"净化"体内环境。当看电视时，不妨一杯清茶入口，既是享受，又能防病。

二、饮茶可提神解乏，促进消化

据研究，茶叶含有3%～5%的咖啡碱。咖啡碱是一种白色丝光针状的结晶体，被人体吸收之后，能起到加强大脑皮质感觉的中枢活动、对外界刺激的感受将更为敏锐、使精神振奋的作用。在医学临床上，用咖啡碱治疗伤风头痛，疗效显著，而且没有副作用。西药中的阿司匹林等主治感冒头痛的药片，差不多都有咖啡碱的成分。另外，咖啡碱对心肌有直接增强收缩的作用，并能扩张冠状动脉和肾脏血管，还可做治疗心绞痛和心肌梗塞的一种辅助剂。但是，茶叶中的咖啡碱不同于普通纯咖啡碱。咖啡碱与茶汤里的其他物质复和，形成一种混合物，这种混合物在胃内酸性条件下失去了纯咖啡碱的活性以及对胃的刺激性，当混合物进入小肠的非酸性环境中时，咖啡碱又能还原释放出来，被血液吸收，从而发挥其积极功能，在一定程度上起到解除疲劳的作用。

另外，咖啡碱能兴奋神经中枢系统，影响全身的生理机能，促进胃液的分泌和食物的消化。茶汤中的肌醇、叶酸、泛酸等维生素物质以及蛋氨酸、半腕氨酸、卵磷脂、胆碱等多种化合物，都有调节脂肪代谢的功能。此外，茶汤中还含有一些芳香族化合物，它们能够溶解油脂，帮助消化肉类和油类等物质。例如，目前在东南亚和日本很受欢迎的乌龙茶，被誉为"苗条茶"、"美貌和健康的妙药"。这是因为乌龙茶具有很强的分解脂肪的功能，长期饮用不仅能降低胆固醇，而且能使人减肥健美。1945年8月16日，日本广岛受到原子弹的袭击，由于原子弹的严重辐射，居民 20 余万人罹难，20 余万人受到不同程度的辐射伤害。若干年后，医学家对幸存者进行调查，意外地发现嗜茶者的放射病一般表现较轻，存活率较高。

三、菊花茶的功效

在《本草纲目》中，李时珍就曾对菊花茶的药效有详细的记载：性甘、味寒，具有散风热、平肝明目之功效。《神农本草经》

中也有如下记载，白菊花茶能"主诸风头眩、肿痛、目欲脱、皮肤死肌、恶风湿痹，久服利气，轻身耐劳延年"。在这里，特别要提到的是黄山贡菊，它生长在高山云雾之中，采黄山之灵气，汲皖南山水之精华，它的无污染性对现代人来说，具有更高的饮

用和防身健体之价值功效。

四、茶叶的妙用

苏轼认为，经常饮茶胜过服药，曾深有体会地说道："人固不可一日无茶。"事实也是如此。翻开茶史资料，有关饮茶与健康的记载很多，这些记载把茶叶的效用描绘得十分神妙，就是一些古代名医在著述中对此也有不少阐述。

刺激中枢神经、振奋精神。每当工作困倦、沉沉欲睡、精神萎靡、思维闭塞时，不妨饮杯绿茶放松心情，可使人精神焕发、头脑清新、茅塞顿开、思路宽广。故三国时代的华佗在《食论》一文中记载有这样的文字："苦荼久食，益思意"，《神农本草》也有相同文字记载："茶味苦，饮之使人益思，少卧。"茶有消食去腻、利尿止渴、消毒解酒、轻身明目等作用。如若在饭后，以茶漱口，顿时会觉得油腻没了，脾胃也自然得到了清爽。有残食挟齿间，也可通过这次漱口把残食去掉。如果在口干时，啜茶数口，便会立即感觉舌尖留有甘甜，口渴立即消失。此外，解酒、治痢和外疮消毒等用茶都可起到一定治疗效果。

提神益思，提高工效。在生活中，在严冬深夜，仍然坚持伏案工作的人，头昏目眩、四肢疲倦时，泡饮一杯浓茶，顿觉柳清气爽、倦怠渐消。在烈日似火的三伏盛暑里，汗流浃背、疲乏不堪之时，喝上一杯香茶，会感到暑气全消，身心俱爽，疲惫的心灵也得以安静。所以，一些作家、科学家在工作时，一般都需要可以助文长思的浓茶。夜间行车者，临行前最好喝杯浓茶，不仅可以提精神还可促使精力集中，保证行车安全。长期在野外工作的人，如果经常喝些浓茶，对预防病菌感染，保护身体健康，有一定预防作用。

止渴生津，消食除腻。在盛夏酷暑的烈日"烘烤"下，口渴难忍是正常的，这时如能饮上清茶一杯，定会感到满口生津，遍体凉爽。这是因为茶汤中的化学成分，如多酚类、糖类、果胶、氨基酸等成分与口中涎液发生了化学反应，使口腔得以滋润，产生清凉感。此外，咖啡碱从内部控制体温中枢，调节体温，并刺激肾脏，促进排泄，从而使体内大量污物和热量得以适时排出。

茶叶含有碘和氟化物。碘有防治甲状腺机能亢进的作用，而氟化物则是人体骨骼，牙齿、毛发、指甲的主要构成成分。在食物中，含氟量很低。适当多饮茶，会补充身体营养的不足，尤其能提高牙齿的抗酸能力。茶叶是一种口腔卫生剂。每天起床后，往往会感到口干舌苦，这时饮杯清茶，即可除去口中黏液，消除口臭，增进食欲。实验表明，喝早茶有益身心健康。在日常生活中，人们在丰盛餐宴之后，往往需要饮几杯浓茶，防止油腻积滞。这是因为，咖啡碱能兴奋中枢神经系统，促进胃液的分泌和食物的消化，促进脂肪消化。

此外，茶叶中的芳香物质也有消解脂肪、帮助消化和消除口中腥膻的作用，而且芳香物质能使人神经中枢以兴奋和愉快的感觉，让人保持敏感和精神集中。茶还可提高胃液分泌量，促进蛋白质、脂肪的消耗。

特别是在吃辣椒后，在口辣难忍之时，可先用清水漱一下口，再咀嚼一点茶叶，口中辣味即可消除。吃过大蒜、大葱后容易产生口臭，使他人生厌，这时可含一撮茶叶于口中几分钟后吐出即可。茶叶也可用来炖牛肉，用纱布包好茶叶与牛肉同炖，既不会影响牛肉的味道，还使牛肉易烂，味美可口。而且饮茶还有助于戒烟，以乌龙茶戒烟效果最好。看电视时，饮上一杯茶可以有效地抵御电视机显像管发出的有害射线。最主要的是茶水可中止胃癌诱发物亚硝酸盐在口腔内的形成。

五、家庭自制茶叶食品

随着大众保健意识的增强和茶叶在食品工业上应用的广泛推

广，家庭自制茶叶食品悄然兴起。近年来在日本民间较流行食用茶叶饭的时尚，即在煮饭时直接用茶水代替清水，做出的米饭既有诱人的茶叶芳香，又能养生保健祛病延年，尤其是夏秋两季用茶水煮饭食用可祛风散热，防治痢疾。

用茶叶烧鱼可解腥；用茶叶煮牛肉速烂、增香；用茶汁和面制成的面条下锅不糊，且味道清爽鲜口；饮啤酒时兑入 1/3 的冷茶水，不仅具有茶香，且鲜醇至极，清凉爽口；此外，还出现了茶叶鸡汤，茶叶煮蛋，茶叶馒头等。用茶叶巧妙制食，不仅可增进食欲，有益健康，还可增加生活情趣。

综上所述，由于茶叶特有的营养功能和保健功能，使其在近段时间里在食品上被广泛应用。随着科学技术的进步和人们保健意识的增强，茶叶在食品上的应用将更为广阔，以便人们能更多更好地接受和利用，茶所特有的神奇保健功效也逐渐被大众所接受。

六、饮茶可减轻吸烟危害

饮茶可减轻吸烟诱发癌症的可能性。茶叶中的茶多酚能抑制自由基的释放，控制由于吸烟可能造成的癌细胞增殖。自由基是人体在呼吸代谢过程中，在消耗氧的同时产生的一种有害"垃圾"。这种危险几乎存在于人体的每个细胞中，是人体的一大隐患和"定时炸弹"。研究表明，一般情况下人的机体是处于自由基不断产生和不断消除的动态平衡之中，但是长期吸烟是自由基的发生和催化剂。

据测定，每吸一日烟就可产生 10 的 17 次方自由基，吸烟会破坏人体正常的自由基动态平衡。自由基产生过多，人体致癌的可能性将加大。茶叶中茶多酚的主体儿茶素类物质则是一种抗氧化剂，也是一种自由基强抑制剂，可以抑制由于吸烟引起的肿瘤发生。

　　绿茶中的茶多酚清除自由基的能力较强，它们对超氧阴离子自由基具有很强的清除效应。中国预防医学科学院营养与食品卫生研究所在研究了145种茶叶后证实，茶叶确有阻断人体内亚硝胺合成的能力。南京中山肿瘤研究所阎玉森经试验发现，茶多酚进入人体后能与致癌物结合，使其分解，降低致癌活性，从而抑制致癌细胞的生长。研究结果表明，如果每天喝 6 杯茶，就可以不得癌症。因此吸烟者饮茶有助于减少癌症的发生。

而且茶有助于减轻由于吸烟所引起的辐射污染。有数据表明，如果每天吸 30 支烟，肺部在一年内得到香烟放射性物质的辐射量相当于自身皮肤在胸腔 X 光机上透视了大约 300 次。

而饮茶能有效地阻止放射性物质侵入骨髓并可使锶 90 和钴 60 迅速排出体外，茶叶中的儿茶素类物质和脂多糖物质可减轻辐射对人体的危害，对造血功能有显著的保护作用。用茶叶片剂治疗由于放射引起的轻度辐射病的临床试验表明，其总有效率可达 90% 左右。同时，试验表明，茶可以防治由于吸烟而促发的白内障。科学研究发现，吸烟会促发白内障。科学家认为，白内障是由于人体内氧化反应产生的自由基作用于眼球的晶状体所致，而茶叶中的茶多酚分解产生的具有抗氧化作用的代谢物可以阻止体内产生自由基的氧化反应的发生。另外，美国农业部营养与衰老研究中心的科学家们最近发现，白内障的发病率与人体血浆中胡萝卜素含量高低及浓度大小关系密切。凡是白内障患者，其血浆中胡萝卜素浓度往往偏低，且发病率比正常人高 3~4 倍。茶叶中含有比一般蔬菜和水果都高得多的胡萝卜素。胡萝卜素不仅有防止白内障、保护眼睛的作用，同时还有防癌抗癌、抗尼古丁、解烟毒的作用。吸烟者经常饮茶对保护视力是有好处的。

此外，茶可以补充由于吸烟所大量消耗掉的维生素 C。吸烟可促使人体血清中的维生素 C 与烟雾中的一氧化碳、亚硝胺、尼古丁、甲醛等氧化致癌物结合，进而转变为无毒化合物或非突变物质排出体外，使得维生素 C 含量大大减少，导致人体内的垃圾

——自由基的大量堆积，给人体留下了隐患，加剧了自由基对各种正常细胞的损伤作用。研究人员发现，经常补充一定剂量的维生素 C 则可避免吸烟所带来的这种危害。因为维生素 C 具有抗氧化作用，可抑制氧自由基的生成，使人体细胞免受侵害。茶叶中维生素 C 的含量比较丰富，尤其是绿茶，在正常情况下，茶叶中维生素 C 的浸出率可以达到 80% 左右，茶汤中的维生素 C 在 90 摄氏度的温度下很少被破坏。

吸烟者长期饮茶可以摄取到适量的维生素 C，完全可以补充由于吸烟造成的维生素 C 的不足，以保持人体内产生和清除自由基的动态平衡，增强人体的抵抗能力。总而言之，饮茶只能作为吸烟过程中的一项补救措施而已，以尽可能减少吸烟的危害。为了您的健康，彻底戒烟才应是保持健康的最终目的。

七、一年四季饮茶有讲究

1. 春季饮茶养生验方

春为一岁之首。在这万象更新的季节里，随着气温的逐渐转温，日常生活中要酌情选服气味芬芳的茶叶，以振奋精神，散发体内郁积了许久的寒气。不妨在春暖花开的季节里试试如下饮茶方式，也许茶所特有的芳香会更有味道。

（1）清热健胃三仙茶

功效

清胃生津，解胃热烦渴，消食健胃。适用于酒宴之后，过食油腻，胃热食滞等。

处方：焦三仙（指焦山楂、焦神曲、焦麦芽）各4．5克，枳壳（炒焦）4．5克，广陈皮3克，酒黄连2．5克，细生地9克，甘菊9克，鲜芦根2克（切碎），竹叶2．5克。

用法

煎水代茶饮。

（2）橘红三仙茶

功效

散寒理气，消食宽中。适用于食积、伤酒、风寒咳嗽等。

处方：焦三仙（指焦山楂、焦神曲、焦麦芽）各18克，橘红2片。

用法

煎水当茶饮。

（3）甘蔗红茶

功效

清热生津，醒酒和胃。治疗气候干燥，咽干口渴，喉痒咳嗽，过食肥腻食品等，为春季理想的保健饮料。

处方：甘蔗 500 克，红茶 5 克。

用法

将甘蔗削去皮，切碎，和红茶共煎，当茶饮。

（4）菊花绿茶饮

功效

清热解毒，预防感冒，宁神明目。适用于春季忽冷忽热，气候干燥，肝火头痛目赤，醉酒不适。

处方：开封菊花 12 克，绿茶 5 克，白糖 30 克。

用法

煎水代茶饮，每天 1 剂。

（5）蒲公英龙井茶

功效

清热解毒，健脑明目，治疗风热感冒，咽喉肿痛，心火过旺之失眠和头痛。

处方：蒲公英 20 克，龙井茶 3 克。

用法

沸水冲泡，代茶饮。

2. 夏季饮茶养生验方

夏季是万物生长的季节，花草树木茂盛，禾苗茁壮成长，一派欣欣向荣的景象。但烈日当空，骄阳似火，气候炎热，热浪袭人，暑热异常，容易造成人体缺水，烦渴倦怠。

（1）清热化湿代茶饮。

功效

清热化湿，调和脾胃，清醒头脑利于眼目。适用于暑热伤脾，头昏乏力，口腻纳呆，口干烦渴。

处方：鲜芦根二枝（切碎），竹茹4.5克，焦山楂9克，炒谷芽9克，橘红2.4克，霜桑叶6克。

用法

煎水代茶饮。

（2）解暑茶。

功效

清凉解暑，生津止渴，预防暑热，治疗中暑。

处方：青蒿 150 克，生石膏 120 克，薄荷叶 150 克，甘草 30 克。

用法

上药共研细末，混合均匀，共制成 10 包。每次用 1/3 包，开水冲泡饮服，每天 3 次。

（3）清凉茶。

功效

清热解暑，生津止渴，防暑降温。治疗暑热不适，四时感冒，发热积滞。

处方：用青蒿、莲叶、滑石、芦根、甘草等药物制成茶剂每包装 50 克。

用法

用水冲泡即可。

（4）柠檬茶。

功效

防暑生津，和胃止泻。治疗食滞呃逆，急性胃肠炎腹泻呕吐，亦可作为夏季消暑保健饮料。

处方：柠檬 1 个。

用法

将柠檬煮熟去皮，晒干，放入瓷缸中，加适量食盐腌制。每次 1 个柠檬，加一碗开水冲泡，加盖泡 15 分钟，代茶饮用。

3. 秋季饮茶养生验方

满眼黄色的金秋收获季节，喜迎丰收的愉快心情和凉爽适宜的气候，令人心旷神怡。若能根据体质选择绿茶、红茶或红茶菌，可在秋高气爽的季节里养生保健、陶冶性情、赏心悦意、延年益寿。

（1）生津茶饮。

功效

生津育阴，清热润燥，治疗口干舌燥、烦渴干咳；亦对干燥引起的温病热盛，灼伤肺胃阴津，口中燥渴有作用；尤对咳唾白沫，黏滞不爽者有疗效。

处方：青果5个（捣碎），石斛6克，甘菊6克，荸荠5个（去皮），麦冬9克，鲜芦根2支（切碎），桑叶9克，竹茹6克，鲜藕10片，黄梨2个（去皮）。

用法

煎汤代茶饮。

（2）雪梨茶。

功效

润燥生津。适用于秋天干燥气候引起的口干咽燥，鼻干。

处方：雪梨（切成薄片）1个，绿茶5克。

用法

煎汤代茶饮，亦可食梨片。

（3）桑杏茶。

功效

轻宣燥热，润肺止咳。治疗因秋天风大引起的干咳无痰，头痛发热的秋燥症。

处方：桑叶、杏仁、沙参、象贝母、豆豉各9克，山栀6克，梨皮30克。

用法

煎水代茶饮。

（4）萝卜茶。

功效

清热化痰、理气开胃之功。适用于咳嗽痰多、纳食不香等。因为白萝卜营养丰富，含钙且有药用价值，可清热化痰，配茶饮用对于秋天干燥引起的一些症状有疗效，能清肺热、化痰湿，少加食盐既可调味，又可清肺消炎。

处方：白萝卜100克、茶叶5克。

用法

将白萝卜洗净切片煮烂，略加食盐调味（勿放味精），再将茶叶冲泡5分钟后倒入萝卜汁内服用，每天2次不拘时限。

（5）银耳茶。

功效

滋阴降火，润肺止咳之功。适用于阴虚咳嗽。银耳是食药两用滋补佳品，内含丰富蛋白质约10%、碳水化合物65%、无机盐4%，还含有维生素E以及磷、铁、钙、镁、钾、钠等对人体有益的微量元素。银耳的药用价值有滋阴润肺、养胃生津之效。银耳配冰糖更可助滋养润肺之功，也有止咳化痰之力，配茶叶取其消痰火于利湿之中，兼有消炎之功效。

处方：银耳20克、茶叶5克、冰糖20克。

用法

将银耳洗净加水与冰糖（勿用绵白糖）炖熟；再将茶叶泡5分钟取汁与银耳汤搅拌均匀服用。

（6）桔红茶。

功效

润肺消痰，有理气止咳之功。适用于秋令咳嗽痰多、粘而咳痰不爽之症。此茶以桔红宣中理气，消痰止咳。茶叶有抗菌消炎作用，此二味互相配制，对咳嗽痰多、粘而难以咯出者疗效较好。

处方：桔红 3～6 克、绿茶 5 克。

用法

用开水冲泡再放锅内隔水蒸 20 分钟后即可服用，每日 1 剂可随时饮用。

4. 冬季饮茶养生验方

（1）功效：消积导滞。

神曲茶：神曲 1 块，绿茶 5 克，开水冲泡后即可饮用。

山楂麦芽茶：山楂 10 克，麦芽 6 克，绿茶 6 克、开水冲泡后饮用。在 1 周内可饮用 1～2 次。

（2）功效：严寒里防冻祛寒。

姜枣陈皮茶：生姜 5 片，大枣 10 枚，陈皮 5 克，绿茶 5 克，开水冲服即可。只要是感觉受了寒，便可饮用，或出门回家后饮用也可。

桂枝杏仁陈皮茶：桂枝 4 克，杏仁 5 克，陈皮 5 克，生姜 3 片，大枣 10 枚，绿茶 5 克，开水冲服即可。受寒后，出现鼻塞、咳嗽、头痛，或其他感冒症状时，就可饮用，可避免感冒症状加重。

紫苏茶：紫苏 5 克，白芷 4 克，绿茶 5 克。开水冲服，1 周内可饮 1～2 次。

（3）功效：随着气温的不断变化，身体抵抗能力减弱，出现发热等一些明显感冒症状时可饮用。

板蓝根射干茶：板蓝根 6 克，射干 6 克，绿茶 5 克。开水冲泡后饮用，用于喉咙炎症。

黄芪芦根牛蒡子茶：黄芪 5 克，芦根 6 克，牛蒡子 5 克，绿茶 5 克。用开水泡浸后饮用，1 周内可饮 1 次。

菊花橄榄茶：菊花 6 克，橄榄 2 枚，茶叶 6 克。开水浸泡后饮用，1 周内可饮 1～2 次。

5. 冬季养生粥代茶

严寒的冬季，在北国大地上，一般都是冰天雪地，天气寒冷。为此，人们喜欢一些温热饮食，这时可以温补阳气、散寒和胃的红茶饮料就会很受欢迎。冬至过后，阴气开始消退，阳气逐渐回升，此时正是一年四季中进补的大好时机，无论是食疗或是药力都易于发挥最大效能，但"药补不如食补"。自古有云："是药三分毒"，这时不妨试试比较简单易行的食补疗法。

（1）茶水米粥：在寒冷的室外回到温暖的家中，适时喝上一碗热乎乎、香美可口的粥，的确可称之为享受。如果是煮冬季养生粥，通常要用大米。大米性味甘平，而其他米如小米、糜子米、薏仁米都是性味甘、微寒。因此，冬日食大米对人身体更有益。大米有和胃气、补脾虚、壮筋骨、和五脏之功效，如若用茶水煮米粥，更会让人在寒冷的冬季有神清气爽的久违感觉。

（2）山药粥代茶：山药（去皮）50 克，大米 50 克，蜂蜜、食用油均适量。将山药切成小块用油炒过加入蜂蜜，将大米熬成粥，加入炒过的山药再煮开，即可食用。山药为滋补肾、脾之佳品。

（3）栗子粥：栗子（去皮）50克，大米50克，盐少许。将生栗子用高压锅（少放水）煮熟，去皮，捣碎，放入洗好的大米中，加水煮成粥，再加食盐调味。栗子可补肾，对因肾气不足而引起的腰膝酸软或疼痛有食疗作用。

八、饮茶对"症"选择有说法

由白菊花和上等乌龙茶配制而成的菊花茶对整天在电子污染下办公的上班一族很适合，茶中的白菊具有去毒的作用，对体内积存的暑气、有害性的化学和放射性物质，都有抵抗、排除的疗效。

这款茶也被称为适合压力大的减压茶，由缓和不安、愤怒的乌龙茶制成。工作和生活中的压力，常使人喘不过气来，尤其是短期内的精神重压，会引起血管收缩、虚冷，这样脂肪容易积聚，长此恶性循环下去，会导致发胖。在有压力感的时候，不时喝上一杯减压茶，让血管的负荷降下来，也防止娇好的身材臃肿起来。特别提示：此茶睡前饮用有助于入睡，白天喝有利于施放有毒物质和减压。

宴会上交杯换盏，气氛热烈，醉酒人要想早些醒酒，就不妨喝同量的乌龙茶。

乌龙茶不仅能够防身体虚冷，摄取酒精和积聚体内的胆固醇，还可带来热量。特别提示：利尿解毒的乌龙茶热饮对醉酒效果最好。

好烟如命的人，建议常喝芦荟茶，那与香烟相似的独特苦味，是烟的最好替代品。

特别提示：芦荟茶不仅有助于戒烟，而且可促进排便及新陈代谢。

如果连续三天没有排便，就该买点没特别苦味的枸杞茶喝上一杯了，枸杞能够挑出附在肠壁上的宿便。特别提示：晚上多喝一点，隔天上午自会神清气爽，不再有倦怠。

为了保持婀娜的身材，女性在嘴馋想吃甜食时，要是有一种甜味纯正、热量很低的罗汉果茶，就会把这种想法从头脑中驱除。特别提示：虽然甜如砂糖，热量却几乎等于零。

出现浮肿尤其是脸部浮肿时，不妨在这样的浮肿日子里，坚持喝艾蒿茶，有利尿解毒功效。特别提示：长期减肥体重没有明显下降的人不妨尝试。

中国茶多数都有促进脂肪代谢的效果，普洱茶更是消除多余脂肪的高手。

茶中含有的元素，有增强分解腹部脂肪的功效。特别提示：普洱茶有一点特殊的味道，但不苦，适合上班族中压力较大、经常性没有食欲的人饮用。

九、乌龙茶可增加食欲

当身体感到疲倦、体力衰退或胃口不好时，可以泡杯乌龙茶喝。乌龙茶不但会使精神振奋，而且能促进食欲。

乌龙茶中的丹宁促进胃液分泌的作用比较大，使胃肠蠕动加快，从而产生食欲。常喝乌龙茶的人也许没有这种感觉，但一个常喝绿茶或不大喝茶的人，如就餐时放一杯乌龙茶在旁边，边吃边喝，但要注意适量饮用，食欲会明显增加，甚至对油腻食物也会感兴趣。

此外，乌龙茶可解油腻，使身体不致产生过多的脂肪。

饮茶有茶忌

一、饮茶需注意

1. 不宜过多饮浓茶

茶虽然具有降血脂、抗血栓、杀病菌、防污染等一系列的保健作用，然而，饮浓茶也有弊端。

浓茶可促进骨质疏松。据流行病学家对 4659 名内蒙古牧民的调查，长期喝浓茶，使骨质疏松程度比不饮浓茶的汉民高 17 个百分点。因茶叶内含有较多的咖啡因，而咖啡因能促使尿钙排泄，导致负钙平衡，造成骨钙流失。对易发生骨质疏松的绝经期妇女和老年人来说，浓茶是钙流失的主要因素之一，饮茶时应多以清淡为佳。

浓茶易引起贫血。有资料显示，长期饮用浓茶容易引起贫血症的发生。现代医学研究发现，茶叶中的鞣酸会与三价铁形成不溶性沉淀，从而影响铁在体内的吸收，特别是餐后喝浓茶，会使食物中的铁因不易吸收而排出体外，长久以往就会造成贫血。

大量饮茶会使多种营养素流失。营养专家研究发现，现代人的营养不良症并非吃得不好，而是营养成分失去平衡。其中，饮浓茶是使营养失衡的一个主要因素。过量饮浓茶会增加尿量，引起镁、钾、维生素 B 等重要营养素的流失。饮茶不仅不宜太浓，而且应避免反复冲泡使大量水分进入体内，致使营养素随着尿液流失。上了年纪的人一天如果过量饮茶，会增加心脏负荷，不利身体健康。

2. 银杏叶泡茶因人而异应慎用

银杏叶性味甘苦涩平，有益心敛肺、化湿止泻等功效。《中药志》中曾记载有"'银杏叶能'敛肺气，平喘咳，止带浊'"的文字。据现代药理研究表明，银杏叶对人体的作用较为广泛，如改善心血管及周围血管循环功能，对心肌缺血有明显的改善作用，还有促进记忆力、改善脑功能的作用。此外，还能降低血黏度、清除自由基。

一般银杏叶制剂副作用轻，偶尔会出现头昏、头痛、乏力、口干、舌燥、胸闷、胃不适、食欲减退、腹胀、便秘、腹泻等症状。在用银杏叶泡茶服用时，应首先考虑自身体质是否适用，是否真的需要服用，不可把银杏叶当作一般补品而长期服用。而且也要十分注意银杏叶的质量，有没有霉变、有没有污染。在饮银杏叶茶的过程中，不要用量过大，一般以 5~6 克为宜，可以煎服或沸水冲泡服用，但不宜长期连续服用。此外，应特别注意有过敏史的人要慎用。

3. 鲜桔皮泡水代茶饮不利健康

桔皮是一味理气、健胃、化痰的常用中药，桔皮泡水代茶饮，有清热、止咳、化痰的作用。但新鲜的桔皮泡水代茶饮却极不利人体健康。

近年来，新采摘下来的桔皮大多会用保鲜剂浸泡后再上市。保鲜剂在桔皮上残留，难以用清水洗干净，若用这样的桔子皮泡水代茶饮，对身体有一定损害。即使用未被保鲜剂浸泡过的鲜桔皮泡水代茶饮，也发挥不出它应有的中药疗效。桔皮一般应放置隔年后再使用，据研究证实，陈皮水煎剂有肾上腺素成分存在，但较肾上腺素稳定，煮沸时不易被破坏。陈皮隔年后挥发油含量大为减少，而黄酮类化合物的含量相对增加，这时陈皮的药用价值才能充分发挥出来。

4. 绿茶和枸杞不可同饮

绿茶和枸杞都可用开水冲泡饮用，而且对人体很有益处。不少人干脆把二者放在一起冲泡，认为更有利于身体健康。但是经试验证明，绿茶里所含的大量鞣酸具有收敛吸附作用，会吸附枸杞中的微量元素，生成人体难以吸收的物质。近年流行起来的八宝茶中，既有绿茶又有枸杞，虽然绿茶量少，但也不宜多喝。

医学专家建议，不妨把二者分开饮用，上午喝绿茶，下午饮枸杞，对人身体健康有效。

绿茶和枸杞都具有丰富的营养价值，尤其是绿茶内含儿茶素与 B－胡萝卜素、维生素 C、维生素 E 等，多项实验证明，绿茶能清除自由基、延缓衰老、预防癌症。常喝绿茶可以防止细胞基因突变、抑制恶性肿瘤生长、降血脂、降血压，还可防止心血管疾病，预防感冒、龋齿及消除口臭等。而枸杞则性平、味甘，具有补肾益精、滋阴补血、养肝明目、润肺止咳的功效。枸杞富含丰富的氨基酸、生物碱、甜菜碱、酸浆红素及多种维生素，以及多种亚油酸。

专家认为，上午喝绿茶，可以开胃、醒神，有利于工作效率的提高；下午泡饮枸杞，可以改善体质、有利于晚间的安眠。

5. 胖大海不宜长期当茶饮

胖大海，味甘、淡，性凉，功能润肺、清热、解毒，主治干咳、喉痛、音哑、目赤、牙痛等，可治疗咽炎、扁桃体炎，但有的人服用后可能会出现过敏反应，长期服用还会发生中毒现象。由于胖大海有润肺等疗效，日常人们往往把它当茶叶泡水饮用，尤其是教师群体和一些年轻学生。殊不知，胖大海有一定毒副作用，临床试验表明，兔子在静脉注射大量胖大海水浸剂后，可见呼吸暂停，胃肠表面充血；狗在连续 10～15 天服用胖大海仁去脂干粉后，可出现肺充血水肿和肝脂变而致死。临床上也常见一些过敏反应的病例，表现为全身皮肤发痒，弥漫性潮红，周身布满大丘疹及风团，口唇水肿。经常饮用胖大海水还会时常伴有头晕、心慌、胸闷、恶心、血压下降，严重者可危及生命。

由此可见，胖大海并非人人皆宜品，也不能当茶喝，更不能长期大量服用。由于胖大海性凉，体弱虚寒者更不宜长期服用。

6. 吃狗肉后忌喝茶

寒冷的冬天，人们常爱吃狗肉，狗肉不但肉嫩味香，营养丰富，而且狗肉热量大，可以增温御寒帮助人体抵抗严冬。因此，一些体质虚弱和患有关节炎等病的人，在严冬季节，多吃些狗肉对身体有好处。吃狗肉后，切记不能饮茶。茶叶中的鞣酸与狗肉中的蛋白质结合，会生成一种叫鞣酸蛋白质的物质。这种物质具有一定的收敛作用，可使肠蠕动减弱，大便里的水分减少。因此，大便中的有毒物质以及可致癌的物质会在肠内停留时间过长，这样极易被人体再次吸收，反而产生不良后果。

二、茶可提神的两面性

在大鱼大肉饱餐一顿之后，许多人会选择饮茶来消除油腻，其实研究表明，这样不利于健康。茶中的大量鞣酸，会与蛋白质结合生成鞣酸蛋白，这种物质有收敛作用，使肠道蠕动减弱，从而延长食物残渣在肠道内的滞留时间，进而导致大便干燥。饱餐后最好先不要喝茶，尤其是有习惯性便秘的人更不可饭后以茶当水饮用。

茶不仅具有提神和养神的作用，可以使大脑清醒灵活，同时具有抑制、安神的作用。当茶叶刚泡开3分钟左右时，茶叶中大部分的咖啡碱就已溶解到茶水中。这时的茶具有明显的提神功效，使人兴奋。而再往后，茶叶中的鞣酸逐渐溶解到茶水中，抵消了咖啡碱的作用，就不容易使人有明显的生理上的兴奋。

有的人晚上不敢喝茶，怕喝了不能安然入睡。其实，只要把一开始冲泡约3分钟的茶水倒掉，再续上开水冲泡饮用，提神的效果就不会那么明显了。

三、饮茶有"十忌"，忌忌都重要

一忌，空腹饮茶。空腹饮茶，茶性入肺腑，会令脾胃加重寒气致冷。

二忌，饮烫茶。太烫的茶水对人的咽喉、食道和胃都有较刺激的作用。如果长期饮用太烫的茶水，可能引起这些器官的病变。据国外研究显示，常饮温度超过62℃的茶，胃壁较容易受损，易出现胃病病症。医学专家提醒，常饮茶者，应将温度控制在56℃以下。

三忌，饮冷茶。温茶、热茶，能使人神思爽畅，耳聪目明；而冷茶对身体则有滞寒、聚痰的副作用。

四忌，浓茶。浓茶里的咖啡因含量大、茶碱多，对人体刺激性较强，易引起头痛、失眠。

五忌，冲泡时间太久。冲泡时间过长，茶叶中的茶多酚、类脂、芳香物质等可以自动氧化，不仅茶汤色暗、味差、香气低，而且失去了可品尝价值。此外，冲泡时间过长的茶，维生素C、

维生素 B、氨基酸等因氧化而减少，使茶汤营养价值大打折扣；同时，由于茶汤搁置时间太久，受到周围环境的污染，茶汤中的微生物，比如细菌和真菌数量较多，很不卫生。

六忌，冲泡次数过多。一般茶叶在冲泡 3~4 次后就基本上没有茶汁了，据有关试验测定，头开茶汤可含水浸出物总量的 50%，二开茶汤含水浸出物总量的 30%，三开茶汤则为 10%，四开茶汤却只有 1%~3%，再多次冲泡就会使茶叶中的某些有害成分浸出，对人体造成意想不到的危害。

七忌，饭前饮茶。饭前饮茶会冲淡唾液，随后吃到的食物变得淡而无味，还可能造成暂时性的消化器官吸收蛋白质功能下降。

八忌，饭后马上饮茶。茶中含有鞣酸，能与食物中的蛋白质、铁质发生凝固作用，影响人体对蛋白质和铁质的消化吸收。

九忌，用茶水服药。茶水有解药的作用，茶叶中含有大量鞣质，可分解成鞣酸，与许多药物结合会产生沉淀，阻碍吸收影响药效。

十忌，饮隔夜茶。茶水放置时间过久，维生素已丧失，茶里的蛋白质、糖类等会溢生细菌，成为霉菌繁殖的养料。

四、特殊患病者饮茶需当心

1. 尿路结石患者莫饮茶

医生常常会奉劝患有尿道结石的病人多喝水，以助排石，然而有相当多的病人更愿意饮茶来补充水分，这非但无益反而有害。

尿路结石物质的组成成分中，约八成左右属草酸钙结晶，而从饮食中吸收的草酸与钙质量的多少，是可以直接影响尿路中草酸钙结石生成和长大的重要因素。尿路结石病人除了大量喝水以减少草酸钙在尿路中结晶外，也要避免摄取含钙及草酸的食物，以预防结石再生或长大。茶叶成分中的草酸含量较大，因此应减少喝茶的次数，而以水代茶为佳。此外，据了解，除茶叶外，高草酸的食物还包括菠菜、芹菜等，患有尿路结石的病人应减少食此类蔬菜，也应尽量少食这类蔬菜的汤。

2. 老年人茶养生需慎重

一般来说，老年人经常性地大量饮茶容易出现身体不适，易造成胃液稀释，不能正常消化。当大量饮茶后，茶水会稀释胃液、降低胃液浓度，使胃液不能正常消化食物，从而产生消化不良、腹胀、腹痛等症，有时甚至还会引起十二指肠溃疡。另外，茶可阻碍人体对铁的吸收。茶叶中含有鞣酸，红茶约含5%、绿茶约含10%。当人体大量饮茶后，鞣酸与铁质的结合就会更加活跃，给人体对铁的吸收带来障碍和影响，易引起缺铁性贫血。

同时，老年人需注意，喝茶易产生便秘。茶叶中的鞣酸不但能与铁质结合，还能与食物中的蛋白质结合生成一种块状的，不易消化吸收的鞣酸蛋白，导致便秘症的产生。对于患有便秘症的老年人就会使便秘更加严重。

茶还致使老年人血压升高和心力衰竭，茶中的咖啡因，能致使人体心跳加快，从而使血压升高；同时，浓茶液大量进入血管，能加重心脏负担，产生胸闷、心悸等不适症状，加重心力衰竭程度。

凡事都有度，为了延年益寿，安度晚年，老年朋友饮茶时宜

"淡"不宜"浓"，宜"少"不宜"多"。

3. 饮茶过量会导致骨折

医学临床实践表明，过量饮茶会引发牙斑、骨刺等疾病，反而对健康不利，还可能引起骨折。由于茶叶含有氟，过量饮用，牙齿会出现凹凸不平的斑点，而且会发黄。如果含氟过多，还会影响人体骨内部组织结构，从而容易引发骨刺、骨折等。

营养专家指出，适量饮用茶叶，确实能够提高人体脂肪分解酶的活性，抑制脂肪的产生，调节皮脂的含量，从而达到一定的减肥、美容效果，但过量后就会物极必反。经过临床反复验证，成人每天饮茶最佳量应是每天 2 次冲泡，每次 2 克茶叶，才会达到最佳的健康水平。

五、饮酒喝茶需慎重

1. 酒后饮茶易发生肾病

中医认为，酒味辛，入肺，肺主皮毛，与大肠相表里，饮酒使阳气上升，肺气更强，促进气血流通。茶味苦，属阴，主降，酒后饮茶会将酒性驱于肾。肾主水，水生湿，湿被燥，于是形成寒滞，寒滞则易导致小便频浊、阳痿、睾丸坠痛、大便燥结等病症发生。现代医学证实，饮酒后，酒中乙醇通过胃肠道进入血液，在肝脏中转化为乙醛，乙醛再转化为乙酸，乙酸再分解成二氧化碳和水排出。

如果是在酒后饮茶，茶中的茶碱可迅速对肾起利尿作用，从而促进尚未分解的乙醛过早地进入肾脏。乙醛对肾有较大刺激作用，所以会影响肾脏功能，经常酒后喝浓茶的人易发生肾病。不仅如此，酒中的乙醇对心血管的刺激性很大，而茶同样具有兴奋心脏的作用，两者合二为一，更增强了对心脏的刺激，这样会增加心脏的负担。所以心脏病患者酒后喝茶危害则会更大。

2. 借茶解酒酒更浓

"酒逢知己千杯少，醉了方知乾坤大。"人们兴致未尽时往往开怀畅饮，一醉方休，醉酒后许多人都会喝上几杯浓茶以解酒。其实，喝浓茶非但不能解酒，还如同火上浇油，正所谓：借茶解酒酒更浓。这是为什么呢？酒，首先会直接损伤胃粘膜，导致胃炎、胃十二指肠球部溃疡，甚至发生胃出血。而浓茶对胃粘膜也会产生一定的刺激性，诱发胃醛分泌，所以喝浓茶对酒后损伤胃粘膜起着推波助澜的消极作用。

酒精能使血液流速加快，血管扩张，而且对心脏有很大的兴奋作用，使心跳加速。茶中的茶碱同样具有兴奋心脏的作用，双管齐下，更加重了心脏的负担。医学研究揭示，酒精在体内的代谢要经过一个过程，当酒精被消化道吸收之后，90%以上被肝脏的乙醇脱氢酶转化为乙醛，再被乙醛脱氢酶转化为乙酸，然后分解为二氧化碳和水排出体外。但酒后饮茶时，茶中的茶碱会迅速通过肾脏，产生利尿作用。这时，酒精被转化为乙醛而尚未被转化为乙酸，更未被转化为二氧化碳和水，就从肾脏排出。由于乙醛对肾脏有较大的刺激作用，因而会危害健康。由此可见，酒后不宜饮茶，可喝点醋、果汁或糖水，吃些水果。

六、女士饮茶需看清

1. 常饮绿茶对胎儿不利

现代医学研究已经证明，锌对人体有着极为重要的作用。儿童缺锌会影响生长发育；孕妇缺锌，则会影响胎儿发育，甚至有可能发先天性畸形儿。所以，孕妇应多食用含锌食品。

日常生活中的含锌食品以绿茶、可可粉、芸麻及紫菜等物质含量最多，其中尤以绿茶的含锌量最高，每天饮用 3~5 克普通绿茶所冲泡的 2~3 杯茶水，即可满足人体对锌的要求。一项医学研究调查表明，饮茶孕妇所生婴儿的血中含锌量也会偏高。

值得注意的是，饮茶必须适量，过量饮茶会影响铁的吸收，对胎儿的生成发育不利。孕妇饮茶最好以 80℃~85℃ 左右的温开水随泡随饮，不要冲泡过度或放置过久，且每次不易过浓，分次多饮为宜。

2. "五期"女性不宜饮茶

行经期：经血中含有比较高的血红蛋白、血浆蛋白和血红素，所以女性在经期或是经期过后时不妨多吃含铁比较丰富的食品。而茶叶中含有 30% 以上的鞣酸，它妨碍着肠黏膜对于铁分子的吸收和利用。在肠道中较易同食物中的铁分子结合，产生沉淀，不能起到补血的作用。

怀孕期：茶叶中含有较丰富的咖啡碱，饮茶将加剧孕妇的心跳速度，增加孕妇的心、肾负担，增加排尿，而诱发妊娠中毒，更不利于胎儿的健康发育。

临产期：在这个特殊期间饮茶，会因咖啡碱的作用而引起心悸、失眠，导致体质下降，还可能导致分娩时产妇精疲力竭、阵缩无力，造成难产。

哺乳期：茶中的鞣酸被胃粘膜吸收，进入血液循环后，会产生收敛的作用，从而抑制乳腺的分泌，造成乳汁的分泌障碍。此外，由于咖啡碱的兴奋作用，母亲不能得到充分的睡眠，而乳汁中的咖啡碱进入婴儿体内，会使婴儿发生肠痉挛，出现无故啼哭。哺乳期间内大量饮茶，还会造成乳汁分泌不足，影响婴儿的健康。

更年期：女性45岁开始进入更年期，除了头晕、乏力，有时还会出现心动过速，易感情冲动，也会出现睡眠不定或失眠、月经功能紊乱等症状。如常饮茶，会加重这些症状，不能顺利度过更年期。

七、药茶有禁忌　选择需慎重

药茶具有禁忌症，应根据病情、个体的差异、自身耐受情况合理应用。

药茶应现制现服，这样才不至于把有益的成分流失掉，大多药茶不适用于隔夜饮用，饮用剂量应适量注意。

服用药茶后，人体发汗以微出为度，避免大汗淋漓。对胃肠系统有刺激的药茶应在饭后服用；安神类药茶应在睡前服用；清咽类药茶应该缓缓温服；治疗泌尿系统炎症的药茶应该坚持长期服用；治慢性病或老年保健的药茶也应长期饮用，才会有疗效。对于药茶且不可迷信其功效，药茶只是辅助手段，在遇到重症、危急症时，必须请医生诊治，配合适当的治疗。

　　不可乱用药茶方，只有根据实际病情，以及个体的差异选用药茶方，这样才能达到用药祛病强身的最终目的。而且不能使用变质的茶叶和药材，长期服用这种变质的药茶容易引发癌症。此外，还不能空腹大量饮药茶，避免损伤脾胃。

　　过浓的茶含咖啡碱成分过多，容易使人会出现头痛、失眠现象。浓茶促进心跳加快，胃酸分泌增多，对十二指肠溃疡、冠心病患者不利。空腹饮大量浓茶像饮酒过量一样伤身。长期饮用过烫的茶水，容易刺激咽喉、食道和胃，发生黏膜病变。茶汤温度一般应控制在60℃以下。

而且，在服用药茶时一定要注意不能随便吃某些食物。比如饮用补益药茶时不能吃萝卜；服用解表药茶时，不能吃生冷、酸食；而服用止咳平喘药茶时，不能吃鱼虾。这些食物与药茶相克，不光无法达到疗效，还会对身体造成一定的损害。

最后，提醒大家一定要注意，心脏病患者、神经衰弱患者、失眠患者、高血压患者、贫血患者、活动性胃溃疡患者、甲亢患者、痛风患者以及刚怀孕的妇女等不能大量服用药茶。

饮茶治病疗疾，古已有之，但那时的治病仅限于降火、消食、消暑和利尿等，适用于头痛、嗜睡、心烦口渴、食积痰滞等病症。经过现代医学证明，饮茶对许多病症均有辅助的疗效，例如对气管炎、胃痛、烧烫伤、癌症等疾病都有一定的疗效。如果能够经常饮茶，对人体健康可以起到保护的积极作用。

简单易行的保健养生小茶方

　　茶叶，既可养生又能治病。近年来，茶叶中的营养成分和药理作用，不断被医学界所挖掘和发现，其保健功能和防治疾病功效日益得到肯定。如能根据自身体质，在日常生活中选用适宜茶疗，对增进健康、增强体质定会有益。

一、养生茶方

※绿茶蜂蜜饮

配方

绿茶 1 克，蜂蜜 25 克。

用法

将两者混合，用滚水冲泡 5 分钟即成。每日一剂，分多次饮用。饮前先将其温热，趁热饮用。

功效

健脾润肺，生津止渴。适用于精神疲倦，暑天口渴，气管炎，低血糖等。

※绿茶芝麻饮

配方

绿茶 1 克，芝麻 5 克，红糖 25 克。

用法

将芝麻炒熟磨碎，混合绿茶、红糖，加沸水 500 毫升，冲泡

5 分钟即成。每日一剂，分 3 次饮用。

功效

滋肝，养肾，抗衰老。适用于肝、肾阴虚，四肢乏力，腰肌劳损等。

※红茶大枣饮

配方

红茶 1 克，大枣 25 克，生姜 10 克。

用法

将大枣和生姜切片，加清水 250 毫升，煮沸 5 分钟后，加入红茶拌匀即成。每日一剂，分 3 次饮用。

功效

健脾补血，和胃助消化。适用于食欲不振，贫血等。

※茶蛋蜂蜜饮

配方

绿茶 1 克，鸡蛋 1 个，蜂蜜 25 克。

用法

清水 300 毫升煮沸后，加入绿茶和蜂蜜，再将蛋去壳打碎，徐徐入水，待鸡蛋煮熟后即成。每日一剂，早餐后饮用。

功效

利尿解毒，健脾养肝。适用于肝炎，产后气血两虚，腰肌劳损，肺结核等。

※仙茶

配方

细茶 500 克，净芝麻 375 克，净花椒 75 克，净小茴香 150

克，泡干白姜、炒白盐各 30 克，粳米、黄粟米、黄豆、赤小豆、绿豆各 750 克。

用法

以上各味均研成细末拌匀，外加麦面，炒熟，与前 11 味等分拌匀，瓷罐收贮，胡桃仁、南枣、松子仁、白砂糖之类，可任意加入。每次服 3 匙，白开水冲服即可。

功效

益精悦颜，保元固肾。适用于四五十岁中寿之年延缓衰老。

※白术甘草茶

配方

绿茶 3 克，甘草 3 克，白术 15 克。

用法

甘草、白术加水 600 毫升，煮沸 10 分钟，加入绿茶。分 3 次温热饮用，再泡再服，日服1剂。

功效

健脾补肾，益气生血。

※芝麻养血茶

配方

黑芝麻6克，茶叶3克。

用法

黑芝麻炒黄，与茶加水煎煮10分钟。汤饮并食芝麻与茶叶。

功效

滋补肝肾，养血润肺。治肝肾亏虚，皮肤粗糙，毛发黄枯或早白、耳鸣等。

※返老还童茶

配方

槐角 18 克，山楂肉 15 克，何首乌 30 克，冬瓜皮 18 克，乌龙茶 3 克。

用法

将槐角、山楂肉、何首乌和冬瓜皮四味用清水煎去渣，乌龙茶再用四味汤汁蒸服，作茶饮。

功效

清热、益血脉，可降低血中胆固醇含量，防治动脉硬化。

※人参茶

配方

茶叶 15 克，人参 10 克，龙眼肉 30 克，五味子 20 克。

用法

人参、五味子捣烂，龙眼肉切细丝，和茶叶拌匀，用沸水冲泡 5 分钟，随意饮。

功效

健脑强身，补中益气。

※萝卜茶

配方

白萝卜 100 克，茶叶 5 克。

用法

将白萝卜洗净切片煮烂，略加食盐调味，但勿放味精，再将已冲泡 5 分钟的茶叶倒入萝卜汁内服用，每天 2 次不拘时限。

功效

有清热化痰、理气开胃之功。适用于咳嗽痰多、饮食不香等。

※**银耳冰糖茶**

配方

银耳 20 克，茶叶 5 克，冰糖 20 克。

用法

将银耳洗净加水与冰糖，但勿用绵白糖，炖熟；再将茶叶泡 5 分钟取汁和入银耳汤，搅拌均匀服用。

功效

有滋阴降火，润肺止咳，养胃生津之效。适用于阴虚咳嗽。

※**桔红茶**

配方

桔红 3~6 克，绿茶 5 克。

用法

用开水冲泡再放锅内隔水蒸 20 分钟后服用。每日 1 剂随时饮用。

功效

有润肺消痰，理气止咳之功。适用于秋令咳嗽痰多、粘而咳痰不爽之症。

※**翠衣凉茶**

配方

取西瓜皮若干，茶叶 5 克，薄荷少许。

用法

西瓜皮切碎煮沸 20 分钟后，加入茶叶、薄荷，继续煮沸 3 分钟，去渣取汁饮用。

功效

适用于夏季防暑降温。

※牛乳红茶

配方

鲜牛乳 100 克，红茶、食盐各适量。

用法

红茶用水熬成浓汁，把牛乳煮沸，掺加红茶，加入食盐，制成滋补佳品。每天 1 次，空腹饮用。

功效

益气填精，体健润泽。

※鲜红茶

配方

茶叶 5 克，鲜丝瓜 200 克，盐少许。

用法

丝瓜洗净切成厚片，加盐水煮熟，加茶叶冲泡后饮用。

功效

清热、提神、强身。

※葡萄枣茶

配方

葡萄干 30 克，蜜枣 25 克，红茶适量。

用法

将 3 味加 400 毫升清水，煎沸 8 分钟即可。随意饮用。

功效

调补脾胃，补血益气。适用于孕妇脾胃虚弱、食欲不振等症。

※杜仲茶

配方

杜仲6克，绿茶适量。

用法

杜仲研末，用绿茶水冲服，每日2次，每次3克。

功效

补肝肾，强肋骨，降血压。

※首乌松针茶

配方

何首乌18克，松针（如果是松花更佳）30克，乌龙茶5克。

用法

将何首乌、松针或松花用清水煎沸20分钟左右，去渣，以沸烫的汁冲泡乌龙茶5分钟即可。每日1剂，随意饮。

功效

补精益血，扶正祛邪。适用于肝肾亏虚及从事化学性、放射性、农药制造、核技术工作及矿下作业等人员，以及放疗、化疗后白细胞减少等患者服用。

※党参红枣茶

配方

党参20克，红枣10~20枚，茶叶3克。

用法

将党参、红枣用清水洗净后，同煮茶饮用。

功效

补脾和胃，益气上津。适用于体虚，病后饮食减少，体困神疲等。

※酥油茶

配方

酥油 150 克，砖茶、精盐适量，牛奶 1 杯。

用法

酥油 100 克，精盐 5 克，与牛奶一起倒入干净的茶桶内；再倒入约 1~2 公斤熬好的茶水；然后用洁净的细木棍上下抽打 5 分钟；再放入 50 克酥油，再抽打 2 分钟；打好后，倒入茶壶内温热 1 分钟左右即可。随时饮。

功效

滋阴补气，健脾提神。适用于病后、产后及身体虚弱者，可增强体质。

二、内科药茶方

1. 感冒茶疗方

※天中茶

配方

制半夏、制川朴、杏仁（去皮）、炒莱菔子、陈皮各 90 克，荆芥、槟榔、香薷、干姜、炒车前子、羌活、薄荷、炒枳实、柴胡、大腹皮、炒青皮、炒白芥子、猪苓、防风、前胡、炒白芍、独活、炒苏子、上藿香、桔梗、蒿本、木通、紫苏、泽泻、炒苍白术各 60 克，炒麦芽、炒神曲、炒山楂、茯苓各 12 克，白芷、甘草、炒草果仁、秦艽、川芎各 30 克，红茶叶 300 克。

用法

大腹皮煎汁。过滤去渣，取汁。其余各味共研粗末，与大腹皮汁拌后晒干，用纱布包袋，每袋 9 克，备用。每次用一袋，沸水冲泡，焖 5～10 分钟，当茶饮，日 2 次。

功效

疏散风寒，治风寒感冒，恶寒发热，头痛，肢体酸楚，胸闷呕吐等。

※八味茶

配方

川芎、荆芥各 120 克，白芷、羌活、甘草各 60 克，细辛 30 克，防风 30 克，薄荷 240 克。

用法

以上八味研末，每服二钱，用清茶服下。每日数次。

功效

治外感风邪头痛。

※葱姜桃仁茶

配方

茶叶 15 克，葱白、核桃仁、生姜各 20 克。

用法

将核桃仁、葱白、生姜一起捣烂，同茶叶一起放入砂锅内，加水一碗半煎煮，去渣，一次服下，卧床盖被避风。

功效

本方适用于风寒感冒发热。

※麻酱糖茶

配方

茶叶 1 撮，芝麻酱和红糖适量。

用法

把红糖、茶叶、芝麻酱调匀，用沸水冲泡。热服，盖被直到发汗为止。

功效

发汗解表，治外感初起。

※葱豉方

配方

茶末 10 克，栀子 5 枚，薄荷 30 克，荆介 5 克，淡豆豉 15 克，石膏 60 克，葱白三根。

用法

水煎代茶频饮，宜温服。

功效

辛温解表。适用于外感风寒，体热头痛等。

※石膏茶

配方

紫笋茶末 3 克，生石膏 60 克。

用法

将石膏捣末，加水煎渣备用。以药汁泡紫笋茶末服用。

功效

治流感。有清热泻火之效。

※姜糖茶

配方

茶叶 7 克，生姜 10 片，红糖 15 克。

用法

将生姜洗净，去皮，入锅加适量水，同茶共煎成汁，再加入红糖溶化，饭后饮。

功效

治风寒感冒。

※芎藭葱白茶

配方
茶叶、芎藭和葱白适量。

用法
茶叶和芎藭、葱白煎饮。

功效
治感冒头痛，热毒头痛。

※五神茶

配方

茶叶6克，荆芥、苏叶、生姜各10克，红糖30克。

用法

先以文火煎煮荆芥、苏叶、生姜、茶叶，约15～20分钟后，加入红糖待溶化即成。每日2次，可随量服用。

功效

发散风寒。适用于风寒感冒，畏寒，身痛，无汗等症。

2. 咳嗽哮喘茶疗方

※橘红茶

配方

红茶4.5克，橘红1片（3～6克）。

用法

将两味同时沸水冲泡，再入沸水锅中隔水蒸20分钟，即可。每日1剂，不拘时频饮。

功效

主治咳嗽。

※银花茶

配方

茶叶5克，银耳20克，冰糖20克。

用法

将银耳与冰糖共放罐内，加水炖熟，再将茶叶沸水泡5分钟，取汁，最后和入银耳汤内搅匀。每日1剂，不拘时饮服。

功效

止咳化痰。

※祛寒止咳茶

配方

茶末、烧酒、猪脂、香油、蜂蜜各等分。

用法

和匀共浸七天服。

功效

治寒痰、咳嗽。

※清气化痰茶

配方

细茶 30 克，可药煎 30 克，荆芥穗 15 克，海螵蛸 3 克，蜂蜜适量。

用法

研细末为丸，每次 3 克，加蜜沸水泡。

功效

治咳嗽痰多。

※茶子百合丸

配方

茶子、百合各等量。

用法

把茶子、百合研成细末，加蜜调成丸如梧桐子大。每次服 7 丸。

功效

清热润肺，止咳平喘。

※杏梨饮茶

配方

苦杏仁 10 克，鸭梨 1 个，砂糖少许。

用法

先将杏仁去皮尖，打碎，鸭梨去核，切块加入适量水同煮，待熟后入砂糖合溶，代茶饮用，不拘时。

功效

平喘止咳。

※蜂蜜荞麦茶

配方

茶叶 6 克，荞麦面 120 克，蜂蜜 60 克。

用法

将茶叶研细末和入后两味中，每取 20 克，沸水冲泡，代茶饮。

功效

平喘化痰。

3. 气管炎茶疗方

※甜核桃茶

配方

陈细茶、白果肉、核桃肉各 120 克，蜂蜜 25 克。

用法

将陈细茶、白果肉和核桃肉捣烂拌匀，与蜂蜜放在锅内炼成膏状，贮存备用。每天数次，每次 1 匙，用温开水送服。

功效

补肾、滋肺、止咳、平喘。治气管炎，年久咳嗽、吐痰。

※葱须枣茶

配方

绿茶 1 克，葱须 25 克，大枣 25 克，甘草 5 克。

用法

将后两味加水 400 毫升先煎，沸后 15 分钟，加入前两味，煮 1 分钟即可。每日 1 剂分 3~6 次温饮。

功效

止咳、平喘。

※橘皮茶

配方

茶叶、干橘皮各 2 克。

用法

将上两味以沸水冲泡后温服。每日 1~2 剂。

功效

治慢性气管炎。

※蜂蜜陈细茶

配方

陈细茶、白果肉、核桃肉各 120 克，蜂蜜 250 克。

用法

将前三味一起捣烂和匀，入锅内与蜂蜜一起炼成膏状备用。
每日数次，每次 1 匙，温开水送服。

功效

化痰、平喘。

4. 肺结核茶疗方

※甘枣麦莲茶

配方

绿茶 1 克，浮小麦 200 克，大枣 30 克，莲子 25 克，生甘草
10 克。

用法

后四味放在一起添水 150 毫升，把小麦煎熟后，加入绿茶起

锅。每天1剂，分3~4次饮用。

功效

清心、去烦、止汗。治肺结核、五心烦热、盗汗。

※桑叶茶

配方

绿茶适量，霜桑叶不拘量。

用法

将桑叶焙干研末，瓷罐封贮备用。每次取桑叶9克、绿茶3

克，沸水冲泡服。

功效

止血、平喘。

5. 头痛茶疗方

※川芎茶

配方

茶叶、川芎各适量。

用法

川芎、茶叶研成细末，每天1次，用白开水冲泡。

功效

祛风止痛。治诸风上攻、头目昏重、偏正头痛、鼻塞身重、肌肉蠕动等症。

※蜂蜜谷精茶

配方

绿茶1克，谷精草5~15克，蜂蜜25克。

用法

前两味药加水350毫升，煮沸5分钟，去渣拌入蜂蜜，每3次服1~2剂，可加开水泡服即可。

功效

治头晕、头痛。

6. 眩晕茶疗方

※陈皮茶汤

配方

茶叶5克，陈皮10克。

用法

水煎后多次饮用。

功效

平肝降火，治肝阳上亢性头晕、头昏等。

※天麻茶

配方

绿茶1克，天麻3~5克。

用法

将天麻切成薄片，干燥储存备用。服用时，取上药用沸水冲于杯中加盖闷5分钟即可，日服2~3次。

功效

治头晕、清热。

※槐菊茶

配方

绿茶、洁净菊花、槐花各3克。

用法

将三味放入瓷杯中，以沸水冲泡，盖严温浸5分钟。频频饮用，每日数次。

功效

清热，平肝，治眩晕。

7. 神经衰弱、失眠茶疗方

※芝麻绿茶汤

配方

绿茶 1 克，芝麻粉 5 克，红糖 25 克。

用法

每天 1 剂，用沸水冲泡饮用。

功效

安神和胃。治神经衰弱。

8. 糖尿病茶疗方

※清蒸

配方

绿茶适量，鲫鱼 500 克。

用法

把鱼去鳃，去内脏，保留鱼鳞，鱼肚里填满绿茶，放在盘里，蒸透后即可。淡食鱼肉，不放佐料。

功效

健脾祛湿，清热利尿，尤对糖尿病有疗效。

※降糖茶

配方

30 年以上老茶树叶 10 克。

用法

将其研为细末，用开水冲泡，焖 10 分钟。每日 1 剂，不拘时饮，并可将茶叶嚼烂食之，连服 15～30 日。

功效

本方适用于降血糖。

9. 高血压茶疗方

※菊槐茶

配方

绿茶、菊花、槐花各 3 克。

用法

将菊花、槐花、绿茶用沸水冲泡，长期饮用。

功效

清热散风，降压，治高血压眩晕。

※菊花山楂茶

配方

菊花、茶叶各 10 克，山楂 30 克。

用法

以上各味沸水冲泃，每日 1 剂，代茶常饮。

功效

清火，下气，治高血压。

10. 冠心薅茶疗方

※应痛丸

配方

好茶 120 克，炼乳香 30 克。

用法

把茶叶和炼乳香研成细末，用醋、兔血拌成鸡头大的药丸，每天用 1 丸，用温醋送下。

功效

理气，活血，止痛。治冠心病、心绞痛。

※柿子山楂茶

配方

茶叶 3 克，柿叶 10 克，山楂 12 克。

用法

将三味以沸水浸泡，15 分钟即可，每日 1 剂，不拘时频服。

功效

活血、降压。治冠心病。

※山楂益母茶

配方

茶叶 5 克，山楂 30 克，益母草 10 克。

用法

将三味用沸水冲沏，代茶饮，每日饮用。

功效

理气，活血。治冠心病。

11. 动脉硬化茶疗方

※香蕉蜂蜜茶

配方

香蕉 50 克，茶叶 10 克，蜂蜜少许。

用法

先用沸水 1 杯冲泡茶叶，然后将香蕉去皮研碎，加蜜调入茶水中，频饮。

功效

治动脉硬化、冠心病、高血压。

12. 胃病茶疗方

※茉莉花茶

配方

青茶 10 克，茉莉花、石菖蒲各 6 克。

用法

将以上药物研成细末，每天 1 剂，用沸水冲泡后饮用。

功效

理气化湿、止痛。治慢性胃炎、脘腹胀痛、纳谷不香。

※蜜蜂茶

配方

红茶 5 克，蜂蜜，红糖各适量。

用法

将茶入保温杯中，沸水泡焖 10 分钟，再调入蜂蜜和红糖，即可饮服，每日 3 剂，每次 1 剂，饭前服用。

功效

适用于寒性胃溃疡。

13. 胃炎茶疗方

※乌龙戏珠枣茶

配方

沧州金丝小枣，福建乌龙茶。

用法

开水冲泡，饮用。

功效

益气血，治胃炎。

※橘花茶

配方

橘茶、红茶末各 3~5 克。

用法

将两味开水冲泡 10 分钟即可。每日 1 剂，代茶饮。

功效

适用于胃炎。

※春砂仁茶剂

配方

茶叶 10 克，素馨花、春砂仁各 6 克。

用法

将三味和匀后分成 2 份，用开水冲泡饮用，每天 1 剂。

功效

养胃、助消化，增进食欲。对胃炎有一定缓解作用。

14. 腹痛茶疗方

※陈姜茶

配方

陈细茶、生姜各 15 克。

用法

将上两味捣烂，加适量水煎浓汁。温服。

功效

适用于腹痛。

※酱油茶

配方

茶叶9克，酱油30克。

用法

先煮茶叶，再加入水1杯，加酱油再煮开，每日2～3次。

功效

适用于腹痛。

15. 中暑茶疗方

※大青银花茶

配方

鲜大青叶30～60克（如若是干品20克即可），金银花15～30克，茶叶5克。

用法

将三味加水煎汤。每日1剂，不拘时饮。

功效

消热，解暑。

※荷叶竹叶茶

配方

鲜荷叶1张，鲜竹叶2片，绿茶3克。

用法

将荷叶、竹叶洗净，切成细丝，与绿茶一同放入茶壶，以沸水冲泡，盖严浸泡约10分钟，频频饮用。

功效

生津止渴，预防中暑。

16. 中毒茶疗方

※甘草绿豆茶

配方

绿茶 3 克，绿豆粉 50 克，甘草 15 克。

用法

将绿豆粉、甘草加水 500 毫升，煮沸 5 分钟后，投入绿茶即可。每天 1 剂，分 3 次温服。

功效

清热解毒。治食物、药物和铅中毒。

※牛奶茶

配方

茶叶 30 克，牛奶 500 毫升。

用法

将茶叶泡成浓茶，备用。与牛奶交替连续服用。

功效

解毒。

17. 消化不良茶疗方

※吴萸葱姜茶

配方

茶叶、吴茱萸各 6 克，葱白 2 根，生姜 3 片。

用法

以上几味以水煎服，每日 1 剂。

功效

适用于腹胀食滞。

※橘皮陈茶

配方

陈茶叶 90 克，台乌药、炒山楂、姜炙川朴、麸炒枳壳各 24 克，橘皮 1200 克，麸炒六神 45 克，炒谷芽 30 克。

用法

以上几味研为末，分装成袋泡茶，每袋 4 克，备用。每日 1～2 次，每次沸水冲泡 1 袋，饮用。

功效

助消化。适用于消化不良。

18. 肾炎、水肿茶疗方

※柿叶茶

配方

绿茶 2 克，柿叶 10 克（9～10 月采柿叶 4000 克左右，切碎蒸 30 分钟，烘干后备用）。

用法

每次按上述剂量，加开水 400～500 毫升，浸泡 5 分钟，分 3 次饭后服用，日服 1 剂。

功效

适用于急慢性肾炎。

※蚕豆壳冬瓜皮茶

配方

红茶叶 20 克，蚕豆壳 20 克，冬瓜皮 50 克。

用法

将蚕豆壳、冬瓜皮、红茶叶加水 3 碗煎成 1 碗，去渣后饮用。

功效

健脾除湿，利尿消肿。治肾炎水肿及心脏水肿。

※干桃花茶

配方

茶叶、干桃花各等份。

用法

将二者以沸水冲泡饮用，每次 6～10 克。

功效

适用于肾炎小便不利。

19. 贫血茶疗方

※茉莉花茶

配方

清茶 10 克，茉莉花 5 克，石菖蒲 6 克。

用法

以上几味共研精末，备用。每日 1 剂，沸开水冲泡，随意饮用。

功效

活血、填精，治贫血症。

※丹参黄精茶

配方

茶叶 5 克，丹参 10 克，黄精 10 克。

用法

共研粗末，沸水冲泡，盖焖 10 分钟，即可。每日 1 剂。

功效

适用于贫血。

※枣茶

配方

茶叶 5 克，红枣 10 枚。

用法

用开水冲泡茶叶，取汁备用。把大枣洗净，加白糖 10 克，加水煮到枣烂，加茶汁搅匀食用。

功效

补血养精，健康和胃，治疗贫血。预防维生素缺乏。

20. 癫痫、癫狂茶疗方

※珠兰草茶

配方

绿茶 2 克，珠兰 25 克，甘草 10 克，水 400 克。

用法

将三味用水煎沸 5 分钟，分 3 次饭后服，日服 1 剂。

功效

适用于癫痫。

※红茶明矾丸

配方

红茶和明矾 500 克，糯米 100 克。

用法

先将糯米加适量水煎煮，待米开花后取汁，备用。红茶和明矾捣碎，研为细末，用糯米汁调匀，捏成丸如黄豆大，发病前服49粒，用浓茶水送服。

功效

适用于癫痫。

※苦参茶丸

配方

茶叶、苦参各等份。

用法

将苦参、茶叶研成细末，调蜜制成丸。每天服 2 次，每次服10 克，用茶水送下。

功效

清热泻火，治癫狂病。

21. 腹泻茶疗方

※红银茶

配方

红茶、银茶各 10 克，玫瑰花、甘草、黄连各 6 克。

用法

以上几味用水煎服。每日 1 剂。

功效

适用于急慢性肠炎和泄泻。

※吴茱萸茶

配方

茶叶 5 克，吴茱萸 10 克，补骨脂、肉豆蔻、五味子各 15 克。

用法

以上几味水煎服。每日 1 剂。

功效

适用于腹泻。

22. 痢疾茶疗方

※槟榔茶

配方

细茶、槟榔各 9 克，食盐适量。

用法

将细茶与食盐同炒，去盐。将茶叶与槟榔加水共煎汤，每日
1 ~ 2 剂温服。

功效

适用于痢疾诸症。

※二陈止痢茶

配方

陈茶叶、陈皮各 10 克，生姜 7 克。

用法

将三味加水煎 5 ~ 10 分钟，取汁，每日 2 ~ 3 次，不拘时服。

功效

适用于热痢、下痢脓血。

※**年糕雨前茶**

配方

陈雨前茶、茉莉花各 10 克，陈年糕 3 克，冰糖适量。

用法

用水煎汤 1 碗。

功效

健脾止泻，理气止痛，治五色痢。

23. **便秘茶疗方**

※**蜜茶**

配方

茶叶 3 克，蜂蜜 2 毫升。

用法

开水冲泡茶叶和蜂蜜，饭后 1 杯。

功效

润肺益肾，治胃寒、便秘。

※**决明子茶**

配方

绿茶 6 克，决明子 20 克。

用法

将两味以沸水冲泡，代茶饮。

功效

和胃通便。

24. 便血茶疗方

※柿糖茶

配方

茶叶3克，柿饼6只，冰糖15克。

用法

把柿饼，冰糖一起炖烂，和浓茶汁拌匀后食用。每天1剂。

功效

清热止血。治便血，也有凉血功效。

25. 膀胱炎、前列腺炎

※金钱草芡茶

配方

绿茶1克，金钱草30克，芡实25克，金樱子15克，甘草5克。

用法

用水煎服，每天1剂，分3次温服。

功效

清热解毒，利尿通淋，湿精，治膀胱炎等。

26. 尿路感染、排尿不利茶疗方

※竹叶茶

配方

茶叶50克，竹叶10克。

用法

用沸水冲泡两味，每日代茶饮，不拘时。

功效

适用于尿路感染，小便淋沥。

※姜盐茶

配方

绿茶6克，生姜2片，盐4克。

用法

将三味加入适量的水，用文火煎汤即可。每日用量为1~2剂，不拘时频饮。

功效

适用于烦躁，尿多。

27. 阳痿、遗精茶疗方

※人参茶

配方

人参 15 克，茶叶 5 克。

用法

将人参加适量水煎 30 分钟后泡茶。代茶频饮，若味浓可再冲入沸水，直至冲淡为止。

功效

适用于肾阳不足，性欲低下。

※枸杞子茶

配方

枸杞子 15 克，绿茶 3 克。

用法

沸水冲泡，趁热频饮。每日 1 剂，代茶饮用。

功效

适用于肝肾不足，性欲减退。

三、外科药茶方

1. 跌打损伤茶疗方

※月季糖茶

配方

红茶3克，红糖30克，月季6克。

用法

3味加水300毫升煮沸5分钟，晾温。分3次饭后服，日服1剂。

功效

消肿止痛，用于跌打损伤、血瘀肿痛。

※干茶渣

配方

干茶渣适量。

用法

焙至微黄，撒敷伤口上。

功效

止血消炎，用于外伤出血。

※枸杞叶茶

配方

茶叶和枸杞叶各500克。

用法

晒干研末，加适量面粉糊黏合，压成小方块，烘干即可。每日 4 克，成人每日 2 ~ 3 次，沸水冲泡当茶饮。

功效

消炎止痛，治跌打损伤。

※苦参明矾茶

配方

绿茶 25 克，苦参 150 克，明矾 50 克。

用法

明矾研碎与前味加水 1500 毫升，煮沸 15 分钟，温洗患处。洗后药液可留用，再煮 15 分钟后再洗，日洗 1 次。

功效

用于伤口化脓性感染。

※蒲公英茶

配方

绿茶 25 克，蒲公英 30 克，甘草 10 克，蜂蜜 30 克。

用法

蒲公英、甘草煎煮 15 分钟，捞出留汁，加入蜂蜜、绿茶，分 3 次服用。

功效

消肿止痛。

※米酒茶

配方

茶末、米酒适量。

用法

共入锅内熬成膏，敷患处，每日敷药 2 次。

功效

清热解毒，可用于乳痈。

※蛇蜕茶油方

配方

茶油适量，蛇蜕 9 克，百草霜 3 克。

用法

共研细末，入茶油和匀，涂患处。

功效

用于痈疽脓水不干。

※乌硫茶

配方

烂茶叶15克，硫磺1克，乌梅3个。

用法

用硫磺敷疮口，再将乌梅烧灰，与烂茶叶为碎末，贴敷疮口，即愈。

功效

消肿去毒，用于诸毒疮久治不愈者。

※荷叶茶调散

配方

茶叶、干荷叶各适量。

用法

焙干研细末，浓茶叶调糊状外敷。

功效

杀菌，治阴疮。

※苦参茶

配方

腊茶、苦参、蛤粉、密陀僧、猪脂各等份。

用法

前四味研末和匀，调猪脂液成糊状，即可涂敷患处。

功效

杀虫敛疮，治阴疳。

2. 烫伤烧伤茶疗方

※烫伤茶

配方

泡过的茶叶。

用法

将泡过的茶叶，用坛子盛放于朝北的地上，砖盖好，愈陈愈好，不论已溃未演，搽之即愈。

功效

治烫、火伤。

※桃树皮茶油方

配方

茶油、桃树皮适量。

用法

桃树皮烧炭存放，研末，调茶油敷患处。

功效

治烫、烧伤。

※伤浓茶剂

配方

茶叶适量。

用法

茶叶加水煮成浓汁，快速冷却。将烫伤肢体浸于茶汁中，或将浓茶汁涂于烫伤部位。

功效

消肿止痛，防止感染。

※杨梅鲜根茶

配方

茶油适量，杨梅鲜根适量。

用法

杨梅鲜根炒至焦黑存性，研细末，加茶油和匀，涂患处。每日数次，连续数日，以愈为度。

功效

治烫、烧伤。

3. 毒虫叮咬茶疗方

※菜根茶

配方

浓茶汁 100 克，东风菜根 300 克。

用法

将东风菜根洗净，取原汁，冲入浓茶，1 次服下。药渣敷伤口周围。

功效

用于蛇咬伤的应急辅助治疗。

※花蛇草茶

配方

绿茶、甘草各 10 克，白花蛇舌草 100 克。

用法

将甘草和白花蛇舌草加适量水煎后，加入绿茶即可。每日 1 剂，分几次饮用。

功效

适用于虫蛇咬伤。

※雄黄枯茶膏

配方

茶叶 5 克，雄黄、枯矾各等份。

用法

将茶叶用沸水冲泡成浓汁，雄黄、枯矾弄成末后拌匀。每次用 10 克，用浓茶水调匀涂在患处，每天 2 次。

功效

清热解毒、止痛止痒、消肿，用于蛇虫咬伤的应急处理。

※细茶

配方

细茶叶适量。

用法

沸水冲泡，然后取其汁洗搽患处，每日数次，连续数日，以愈为度。

功效

用于毛虫螫伤发作，坚硬如肉痘；也可用于治蜂螫伤，蜈蚣咬伤。

※桃茎白茶

配方

茶叶适量，桃茎白皮 30 克。

用法

将茶叶和桃茎白皮用水煎，代茶饮。

功效

排毒消肿。治被狂犬咬伤初期，咬伤部位有隐痛感。

4. 腰痛茶疗方

※醋茶

配方

茶叶 1 小撮，醋 50 毫升。

用法

用 200 毫升茶汤，加醋后服下。

功效

缓急止痛，活血散瘀，治腰痛难转。

5、关节炎茶疗方

※细辛甘草茶

配方

绿茶 1 克，细辛 4 克，炙甘草 10 克。

用法

水煎服。每天 1 剂。

功效

祛寒散风，治风湿性关节炎。

※黄豆茶

配方

红茶 2 克，黄豆 30 克，食盐 0. 5 克。

用法

先将黄豆入锅适量水煮，待黄豆至熟，加入其余两味即可。

每日 1 剂，分数次饮用。

功效

适用于湿邪所致的下肢关痹痛。

6．胆结石茶疗方

※金钱草茶

配方

绿茶 1 克，大叶金钱草 10 克。

用法

将金钱草、绿茶用沸水冲泡饮服，每天 1 剂。

功效

清热利尿、通淋，治胆结石、肾结石。

四、五官科药茶方

1．眼疾茶疗方

※菊花龙井茶

配方

龙井茶 3 克，菊花 10 克。

用法

用沸水冲泡 5 ~ 10 分钟即可。每日 1 剂，随时饮。

功效

疏风清热，明目，治肝火旺盛引起的赤眼症和怕光等症。

※芽茶饮

配方

芽茶、白芷、附子各 3 克，羌活、荆芥、川芎、细辛、防风各 1.5 克，盐少许。

用法

将以上各味加盐少许，清水煎服。

功效

治目中赤脉。

※莲花茶

配方

茶叶 360 克，黄连（酒炒）、天花粉、菊花、川芎、薄荷叶、连翘各 30 克、黄柏（酒炒）180 克。

用法

上药共制粗末和匀，用滤泡纸袋包装，每袋 6 克。每日 3 次，每次取末 6 克，以沸水泡焖 10 分钟，饮服。

功效

清热泻火，祛风明目。适用于两眼赤痛，紧涩羞明。

※二蜜茶

配方

绿茶 1 克，蜜蒙花 5 克，蜜糖 25 克。

用法

绿茶和蜜蒙花加水 350 毫升，煮沸 3 分钟后过滤，加入蜜糖再煮沸即可。分 3 次，餐后服用，每日 1～2 剂。

功效

适用于视力下降。

※川芎茶

配方

茶叶、葱白各 3 克，煅石膏、川芎各 60 克，炙甘草 15 克。

用法

将各味研末和匀备用，以沸水冲泡饮用。每日 1～2 次。

功效

适用于冷泪。

※谷精草蜜茶

配方

绿茶 1 克，谷精草 5～15 克，蜂蜜 25 克。

用法

将绿茶和谷精草味加水 350 毫升，煮沸 5 分钟后去渣，加入蜂蜜。分 3 次，饭后服。可用开水泡服，每日 1～2 剂。

功效

适用于急性结膜炎。

※桑菊茶

配方

绿茶 1 克，桑叶、菊花各 15 克，甘草 5 克。

用法

将各味加水 350 毫升，煮沸 5 分钟。分 3 次，饭后服，每日 1 剂。

功效

适用于青光眼。

※杞菊茶

配方

绿茶 3 克，枸杞子 l0 克，白菊花 10 克。

用法

用沸水泡焖 10 分钟即可，一日 1 剂，频服。

功效

对夜盲症、视力减退、目眩、青少年近视均有疗效。

2. 鼻症茶疗方

※辛夷茶

配方

陈茶叶 5 克，辛夷 22 克，苍耳子 15 克，白芷 10 克，甘草 4 克。

用法

水煎服，每日 1 剂，分 2 次服。

功效

祛风止疼，用于治鼻窦炎。

※茶花末

配方

茶花适量。

用法

焙干研末，吹鼻。

功效

主治鼻流血不止。

※苍耳子茶

配方

茶叶2克，苍耳子12克，辛夷15克，香白芷30克，薄荷叶1. 5克。

用法

共研末、晒干，每服6克，加葱白，用清茶送下。

功效

治鼻炎、鼻塞、流涕不止。

※七味茶

配方

绿茶5克、鲜鸭梨（去核）、鲜白茅根30克，红枣（去核）10枚、柿饼（去蒂）各1个，鲜藕（去节）500克，鲜荷叶（去蒂，干品亦可）1张。

用法

将上七味洗净，加水浸过药面，煎成浓汁即可。每日1剂，不拘时饮服。

功效

清热养阴，凉血止血。适用于鼻出血、咯血、胃溃疡呕血、便血，尿血等出血症。

3．口腔茶疗方

※薄草茶

配方

绿茶 1~3 克，薄荷 10~15 克，甘草 3 克，蜂蜜 25 克。

用法

水煮沸后，投入前三味煮 5 分钟取汁，调入蜂蜜即可，每日 1 剂，分几次饮服。

功效

适用于口臭。

※香茶丸

配方

芽茶 60 克，麝香 0．3 克，硼砂 1．5 克，儿茶末 30 克，诃子肉 6 克，甘草少许。

用法

将上述五味共研细末，每服 6 克，每日 2 次。

功效

清新口气，适用于口臭。

※开音绿茶

配方

上等绿茶适量。

用法

沸水冲泡饮用。

功效

清热利咽，用于咽喉炎症。

※喉症茶

配方

细茶 15 克（清明节前的茶为佳），黄柏 15 克，薄荷叶 15 克，硼砂（煅）10 克。

用法

将各味研细，取净末和匀，加冰片 1 克，吹喉。

功效

治各种喉肿、喉炎、喉病。

※五蜂茶

配方

绿茶 1 克，五倍子 10 克，蜂蜜 25 克。

用法

将五倍子加水 400 毫升，煮沸 10 分钟，加入绿茶、蜂蜜，再煮 5 分钟后，分 2 次徐徐饮之。

功效

适用于口腔溃疡。

※白矾醋茶

配方

绿茶、白矾、食醋各适量。

用法

将绿茶和白矾捣碎，用醋调匀，敷在足心的"涌泉穴"上。

功效

对口腔、喉咙发炎等有显著效果。

※桂花茶

配方

茶叶 10 克、桂花 8 克。

用法

沸水冲泡，即可饮用。

功效

消肿祛痛，治牙痛。

※陈醋茶

配方

茶叶 3 克，陈醋 1 杯。

用法

先将茶叶用开水冲泡 5 分钟，滤出茶叶，加醋，每日饮 3 次。

功效

适用于牙痛。

※薄荷甘草茶

配方

绿茶 1 克，薄荷 15 克，甘草 3 克，蜂蜜 25 克。

用法

前三味加水 1000 毫升，煮沸 5 分钟后取汁，加入蜂蜜饮用。
每天 1 剂，分几次温饮。

功效

清热解毒，祛风止痛，治扁桃体炎。

4. 耳疾茶疗方

※参须茶

配方

茶叶3克，京菖蒲3克，参须3克。

用法

沸水冲泡，随量饮。每日1剂。

功效

用于耳鸣。

※菖芎茶

配方

茶叶、京菖蒲各3克，粉丹皮、川芎各5克。

用法

沸水冲泡，随意饮。

功效

解毒、活血，用于中耳炎。

※青荷茶丸

配方

青茶叶、细辛、荷叶各25克，麝香0.3克，蝉蜕3克。葱头适量。

用法

共研细末，用葱头捣泥，和匀、做小捻，绢裹，每天1剂，纳于耳内。

功效

消炎抑菌，开窍通络，适用于中耳炎、耳鸣等症。

※黄柏苍耳茶

配方

绿茶 3 克，黄柏 9 克，苍耳子 10 克。

用法

共研粗末，沸水冲泡 10 分钟，或煎汤即可。每日 1 剂，分 2 次饮服。

功效

清热化湿，排脓解毒，通耳窍，适用于中耳炎。

※天麻耳鸣茶

配方

绿茶 1 克，天麻 3～5 克。

用法

将天麻切成薄片干燥储存，备用。若服用时，用刚沸的开水冲泡大半杯，立即加盖，5 分钟后可热饮。头汁饮空，略留余汁，再泡再饮，直至冲淡，弃渣。

功效

用于耳鸣眩晕症。

五、皮肤科药茶方

1. 皮炎茶疗方

※芦甘蒜韭茶

配方

茶叶、芦荟、甘草、大蒜、韭菜、醋适量。

用法

用泡过的茶捣烂敷患处，用小刀削角质层，再用芦荟、甘草调醋搽，用大蒜、韭菜捣烂敷患处。

功效

治神经性皮炎。

※山楂茶

配方

绿茶 2 克，山楂片 25 克。

用法

绿茶、山楂片入水同煎，煮沸 5 分钟，分 3 次温饮，每日 1 剂。

功效

抑菌散瘀，用于脂溢性皮炎。

※艾姜茶

配方

陈茶叶 25 克，老姜 50 克，艾叶 25 克，紫皮大蒜头 2 个。

用法

大蒜捣碎，老姜切片，与茶叶共煎，5 分钟后加食盐少许，分 2 天外洗。

功效

消炎杀菌，用于神经性皮炎。

※矾柏茶

配方

绿茶 25 克，明矾 50 克，黄柏 30 克。

用法

将明矾研粉和绿茶置锅中加水 1500 毫升，再加黄柏煎液 1000 毫升，煮沸 5 分钟，浸洗患处，用后剩液留下加热再洗，日用 1 剂。

功效

适用于接触性皮炎和稻田皮炎。

※盐茶

配方

茶叶适量，食盐少许。

用法

将茶叶入锅加适量水煎，然后再加食盐，浸泡患处。

功效

适用于稻田性皮炎。

※水牛蹄茶油

配方

茶油、水牛蹄适量。

用法

水牛蹄研细末，茶油调糊状，涂患处。每日 2 次，连用 10 日以上。

功效

治神经性皮炎。

2. 疱疹茶疗方

※明矾苦参茶

配方

绿茶 25 克，明矾 50 克，苦参 150 克。

用法

三味水煎，每日 1 剂，外洗患处。洗过的药液还可煮沸 10 分钟再用，再洗患处。

功效

治湿疹。

※竹叶茶油

配方

茶油、竹叶各适量。

用法

竹叶烧灰调茶油涂患处。

功效

清热消炎，用于带状疱疹。

※姜醋饮茶

配方

生姜 50 克，红糖 100 克，醋 100 克。

用法

姜切细与醋、糖水煎去渣。每次 1 小杯，温开水冲服代茶饮用，每日 3 次。

功效

健脾胃，脱敏，适用于食物过敏引起的荨麻疹。

※抗敏茶

配方

乌梅、防风、柴胡各9克，五味子6克，生甘草10克。

用法

煎汤代茶，每日1剂，分2次服。

功效

清热法湿，散风止痒。适用于因风热蕴结，脾湿风毒引起的风湿疙瘩、周身刺痒、怕冷发热、骨节酸痛等症状，以及荨麻疹等过敏性皮肤病。

3. 顽癣茶疗方

※生黄茶油

配方

茶叶10克，茶油少许，花生壳灰、硫磺、冰片各适量。

用法

将茶叶煎成浓汁，洗净患处，再将花生壳灰、硫磺、冰片碾碎，入茶油成糊状，涂患处，每日2~3次。

功效

消炎，杀菌，用于头癣。

※木枫茶油

配方

茶油少许，木鳖子、大枫子各30克，五倍子15克，枯矾5克。

用法

木鳖子、大枫子、五倍子共入锅，置茶油中煎焦，去药渣，加入枯矾和匀。先洗净患处，每日涂 1～2 次。

功效

消炎、杀菌，用于各种体癣、头癣，经久不愈的顽癣。

※三末茶

配方

细茶末 6 克，乳香和象牙末各 3 克，水银和木香各 1.5 克，麝香少许，鸡蛋、黄蜡、羊油等。

用法

前六味共为细末，与后三味调匀，搽患处。

功效

治牛皮癣。

※癣疮薇茶散

配方

细茶叶 6 克，白薇 9 克，白芷 6 克，花椒 6 克，大黄 15 克，明矾 15 克，寒水石 6 克，蛇床子 6 克，雄黄 3 克，百部 6 克，樟脑 3 克。

用法

将上几味共研为末，用茶汁和匀捣稠状。

功效

杀虫解毒，治癣疮等。

※密佗僧粉茶油

配方

茶油适量，密佗僧粉末，醋。

用法

密佗僧研为细末，加白茶油调匀，涂患处。

功效

用于顽固性皮肤瘙痒。

※ 汁洗茶

配方

绿茶适量。

用法

将上料加适量水煎浓汁即可，每晚用绿茶浓汁洗脚。

功效

适用于足癣。

4. 皮肤黎症茶疗方

※ 五倍子冰片茶

配方

绿茶、五倍子各等量，冰片少许。

用法

共研末，洗净疮面敷上，每日一次。

功效

治黄水疮。

※ 银花露茶

配方

青茶 20 克，金银花 500 克。

用法

将两味加水 1000 毫升，浸泡 2 小时后，放入蒸馏锅，同时再

加适量水进行蒸馏。收集初蒸馏液 1600 毫升，再蒸馏 1 次，收集
800 毫升，进行过滤分装，灭菌即得。每次饮 50 毫升，每日 2 次。

功效

消热，消暑，解毒。适用于防治暑疖。

※柿子茶油

配方

茶油少许，柿子一个。

用法

柿子切碎，晒干，研末。入茶油调匀，外涂患处，一日数次。

功效

消肿止痛，用于疮疖肿痛。

※芝麻茶

配方

茶叶 750 克，芝麻 500 克。

用法

把芝麻放到锅里焙黄，每次取芝麻 2 克加茶叶 3 克，放到罐里时煮开，茶叶、芝麻一起食用，25 天为 1 个疗程。

功效

滋补肝肾，润肺养血，治皮肤粗糙、毛发干枯。

※金玫茉莉茶

配方

绿茶、金银花各 9 克，玫瑰花、陈皮各 6 克，茉莉花、甘草各 3 克。

用法

以上各味研成末拌匀，分成 3 ~ 5 包备用。每次 1 包，沸泡 20 分钟后，擦洗患处。

功效

清热解毒、消炎杀菌，治皮肤过敏等。

※甘草绿茶

配方

绿茶 1 克，甘草 5 克。

用法

水煎甘草，煮沸 5 分钟后，加入绿茶即可。每天 1 剂，几次温饮。

功效

清热收敛，治皮肤晒伤。

※绿浓茶

配方

绿浓茶，洗澡水。

用法

把绿浓茶倒入洗澡水中，把患处浸泡几分钟后洗净，在患处涂些醋或苹果汁等效果更佳。

功效

清热收敛，对皮肤晒伤效果很好。

※艾叶贞皂茶

配方

茶叶、艾叶、女贞子叶、皂角各15克。

用法

水煎，取汁100毫升备用。每次用时，外洗或者湿敷局部溃疡面。

功效

清热燥湿，温经通络，治放射性皮炎。

※苦参明矾茶

配方

绿茶20克，苦参100克，明矾（末）30克。

用法

以上三味加水1500毫升，煮沸10分钟后，温洗患处。每剂，温洗2次。洗第2次前，药液再煮沸15分钟。

功效

清热解毒、燥湿、收敛、止痒，治湿疹。

※**空心茶油**

配方

茶油、空心茶各适量。

用法

空心茶取叶，切碎，置新瓦上烧焦，研末，入茶油搅至油膏状，收贮。患处用茶水洗净，擦干，涂油膏，每日2~3次。

功效

清热解毒，用于疮疖等病。

※**二黄茶膏**

配方

大黄、硫磺各等份，浓茶水适量。

用法

前二味弄成末拌匀，用浓茶汁调匀。

功效

清热解毒，去瘀，杀虫，治痤疮。

※**韭菜花椒茶**

配方

茶油适量，鲜韭菜50克，干花椒15克。

用法

共捣烂，入茶油调匀，搽患处每日1次，2~3次即可痊愈。

功效

消毒杀菌，用于治疖疮。

六、儿科药茶方

1. 百日咳茶疗方

※黄豆芽茶

配方

陈茶叶 1. 5 克，黄豆芽 90 克，生车前草 30 克。

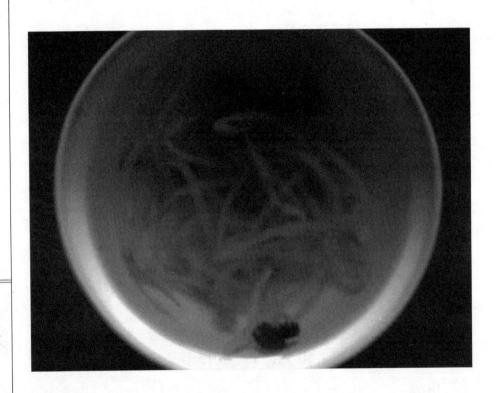

用法

冷水煎熬加冰糖 60 克，再煮三沸，使糖溶化。一岁上下每次服 6~12 克，每日 4 次。2 至 5 岁每次服 15 克，6~10 岁，每次服 18 克。

功效

治小儿百日咳。

※罗汉果茶

配方

绿茶 1 克，罗汉果 20 克。

用法

罗汉果加水 300 毫升，煮沸 5 分钟后加入绿茶即可，分 3~5 次饮，每日 1 剂。

功效

止咳化痰。用于百日咳、风热咳嗽不止。

※橄榄竹糖茶

配方

绿茶 3 克，淡竹叶、红糖各 25 克，橄榄 15 克。

用法

后三味加水煮沸 3 分钟后，加入绿茶即可。每天 1 剂，分 1~5 次饮服。

功效

清肺化痰、止咳和胃。治小儿百日咳。

※百日咳茶

配方

绿茶 5 克，贯叶萎干品 30 克，冰糖适量。

用法

贯叶枣炒后，加冰糖、茶叶用水煎汁，随意饮用。日服1剂。

功效

消肺化痰，解痉止渴。用于小儿百日咳。

※花生茶

配方

茶叶适量，花生米、西瓜子仁各5克，红花1．5克，冰糖30克。

用法

西瓜子仁捣碎，连同花生米、红花、冰糖、茶叶加水煮半小时，随时饮用，花生米一并食之。每日1剂。

功效

宣肺活血，化痰镇咳、适用于百日咳。

※采福茶

配方

绿茶2克，莱菔子15克，白糖适量。

用法

莱菔子焙于研粉，与茶叶一起用开水冲饮，可加入适量白糖。

功效

定喘止咳，消食化痰。用于百日咳，慢性支气管炎。

2. 流感茶疗方

※贯仲青茶

配方

青茶3克，贯仲6克。

用法

用沸水冲泡饮服，每天 1 剂，分几次饮用。

功效

清热、解毒、抗病毒。治小儿流感、暑热、斑疹等。

※冰糖绿豆茶

配方

青茶 3 克，绿豆末 50 克，冰糖 15 克。

用法

用沸水冲泡后饮服，每天 1 剂，分几次饮用。

功效

清热，解毒，消肿止痛，治小儿流感、咽肿痛、热咳等。

3. 小儿痘疹茶疗方

※二胡茶

配方

茶叶少许，胡萝卜 100 克、胡荽 60 克。

用法

胡萝卜、胡荽切碎，加水煎汁，加茶叶，随时饮用。

功效

发汗透疹，健脾化湿。适用于水痘初起，邪毒欲发不出。

※倍蛋茶

配方

烂茶叶、五倍子各等份，鸡蛋少许。

用法

前二味共研细末，用鸡蛋清调匀，敷患处。

功效

消炎，杀菌。用于小儿痘疹。

※茶油

配方

茶油适量。

用法

茶油直接涂患处。

功效

清热解毒，消肿止痛，用于小儿湿疹。

※萝卜香菜茶

配方

胡萝卜120克，香菜100克，荸荠50克。

用法

三味洗净，加水煎汤，代茶饮。

功效

治小儿麻疹热毒。

4. 小儿惊厥茶疗方

※水芙蓉花茶

配方

绿茶1克，蜂蜜25克，鲜木芙蓉花10克。

用法

木芙蓉花加水仙400毫升，煮沸5分钟后加入绿茶和蜂蜜即可。分3次温服，每日1剂。

功效

用于小儿惊风。

※葱须苦茶

配方

苦茶10克，葱须2根。

用法

水煎，每日分2次服。

功效

清热，镇惊。用于小儿惊风。

※白僵蚕茶

配方

绿茶 0.5 克、甘草各 5 克，白僵蚕、蜂蜜各 25 克。

用法

先将甘草与白僵蚕加入 400 毫升水，煮沸 10 分钟，加入绿茶与蜂蜜即可，分 3~4 次徐徐饮下，可加开水浸泡再饮。每日 1 剂。

功效

用于小儿急慢性惊风。

5. 婴幼儿腹泻、痢疾茶疗方

※醋茶

配方

绿茶 1 杯（约 300 毫升），食醋 20 毫升。

用法

二者混合，每次服 20 毫升，每日 3 次。

功效

和胃止泻，用于幼儿腹泻。

※化食茶

配方

红茶、白砂糖各 500 克。

用法

红茶加水煎煮。每过 20 分钟取煎汁 1 次，加水再煎，共取煎汁 4 次。然后混合煎汁，再以小火煎煮浓缩，至煎服较浓时，加白砂糖，调匀。再煎熬至用勺挑起时呈丝状而不粘手时。熄火，趁热倒在表面涂过食油的搪瓷盆中，待稍冷，将其分割成块状（每块 10～15 克）即可。每日 3 次，每次 1～2 块，饭后含食，或用开水嚼化送服。

功效

化食消滞，适用于消化不良、胃胀饱不舒等症。

※乳茶

配方

云南绿茶 1 克。

用法

绿茶研细末，分 3 次乳汁调服，连服 3～5 天。

功效

清热、消食、止泻，用于婴幼儿腹泻。

※孩儿茶

配方

孩儿茶适量。

用法

将孩儿茶研细，口服。1 岁左右每次服 0.15 克，2 岁以上服 0.2 克，每日 3 次。

功效

清热、消食，用于小儿消化不良。

※五倍子茶

配方

茶叶 5 克，五倍子 10 克。

用法

水煎服，每日1剂，分3次饮服。

功效

适用于小儿腹泻。

※车前米仁茶

配方

红茶1克，炒车前子、炒米仁各9克，白糖或葡萄糖少许。

用法

前三味加水1汤碗，煎至半碗汁，去渣滤汁，加入少许葡萄糖或白糖作调味即可，也可将3味研末，以沸水冲泡15分钟，加入少许葡萄糖或白糖即成。粉剂：每日2次，每次用上末3克，用白开水调服，3岁以下儿童用量减半。汤剂：每日2剂。不拘时温服，3岁以下者酌减。

功效

健脾化湿、止泻。适用于小儿泄泻、水泻。

※陈皮茶

配方

茶叶5克、陈皮1克。

用法

以上两味用水浸泡一昼夜。以水一碗，煎至半碗。1岁以下，每次服半食匙；1~2岁，每次服一食匙；3~4岁，每次服一食匙半。每日3次。

功效

用于小儿消化不良，阴胀腹泻。

※麦芽茶

配方

茶叶 8 克，炒麦芽 30 克。

用法

沸水冲泡，温饮，每天 1 剂。

功效

消食止痢，治小儿痢疾。

6. 小儿积滞茶疗方

※驱虫消积茶

配方

茶叶 15 克，青盐 3 克，雷丸、三棱、白砂糖各 15 克。

用法

共研末和匀，调为丸，每次 3 克，白开水送服。

功效

杀虫，治虫积、虫胀。

※化积茶

配方

茶 2 克，山楂，15 克，麦芽 10 克，莱菔子 8 克，大黄 2 克。

用法

全部置放杯中，开水冲泡，每日 1 剂，随时饮用。

功效

消食化积，适用于小儿食积、消化不良症。

7. 小儿夜啼茶疗方

※陈茶

配方

陈茶适量。

用法

把茶叶嚼烂，捏成小饼，贴于小儿肚脐上，外用棉被盖上扎好。

功效

安神，止小儿夜啼。

8. 夜尿症茶疗方

※ 盐蛋茶

配方

茶叶 8 克，食盐 3 克，鸡蛋 2 只。

用法

将茶叶、鸡蛋共煮 8 分钟，将蛋壳打破，加盐再煮 10～15 分钟。取蛋去皮食。

功效

主治小儿夜间遗尿。

9. 小儿杂症茶疗方

※ 小儿消暑茶

配方

茶叶适量，鲜荷叶、苦瓜叶、丝瓜叶各 10 克。

用法

共加水煎汁，随时饮。

功效

清热，祛暑。适用于小儿暑热症。

※ 姜糖神曲茶

配方

茶叶、食糖适量，生姜 2 片，神曲半块。

用法

共加水煎煮，随时饮用。

功效

健脾上涎。用于小儿流涎。

※鲫鱼茶

配方

茶叶10克，鲫鱼1条。

用法

将鱼内脏取出，鱼腹中放入茶叶，清蒸后连汤服下，不要加盐。

功效

用于小儿肾炎。

※陈醋茶

配方

茶叶 3 克，陈醋 1 毫升。

用法

用沸水冲泡茶叶 5 分钟，兑进陈醋饮服，每天饮 3 次。

功效

杀虫解毒，蛔止痛，治小儿蛔虫症腹痛。

七、妇科药茶方

1. 月经不调茶疗方

※红枣木耳茶

配方

茶叶 10 克，红枣 20 枚，黑木耳 30 克。

用法

煎汤服。每日 1 次，连服 7 日。

功效

补中益气，养血调经，适用于月经过多。

※川芎茶

配方

茶叶 6 克，川芎 3 克。

用法

用水煎服，每天1剂。

功效

清热活血，行气止痛，治月经不调、痛经、闭经、产后腹痛等。

※ 樟茶

配方

绿茶25克，白糖100克。

用法

沸水900毫升冲泡，露一夜，次日1次服完。

功效

理气调经，用于月经骤停，伴有腰痛、腹胀等症。

2. 痛经茶疗方

※ 月季花茶

配方

绿茶3克，红糖30克，月季花6克。

用法

加水300毫升，煮沸5分钟，分3次饭后服。每日1剂。

功效

疏肝理气，活血止痛，治痛经。

※ 芝麻盐茶

配方

粗茶叶3克，芝麻2克，盐1克

用法

煎好茶，加芝麻与盐，于经前 3 日起饮，每日 5 次。

功效

通血脉，治经期下腹痛、腰痛。

※泽兰叶茶

配方

绿茶 1 克、泽兰叶（干品）10 克。

用法

用刚沸的开水冲泡大半杯，加盖 5 分钟后可饮。可长期作为饮料服用。头汁饮之快尽，略留余汁，再泡再饮，直至冲淡为止。

功效

活血化瘀，通经利尿，健胃舒气。对月经提前或错后、经血时多时少、气滞血阻、小腹胀痛者甚宜，用于原发性痛经。

※益母草绿茶

配方

绿茶 2 克，益母草 20 克。

用法

沸水冲泡饮服，于月经前 3 天开始服用，每天 1 剂，至月经来潮停用。

功效

活血化瘀、止痛，治原发性痛经。

※玫瑰花蜜茶

配方

绿茶 2 克，玫瑰花 10 克，蜂蜜 25 克。

用法

水煎服，每天1剂。

功效

疏肝清热，理气止痛，治月经不调、经前腹痛等。

※莲花茶

配方

绿茶3克，莲花6克。

用法

将莲花、绿茶研成细末。每天1次，用白开水冲泡。

功效

清心凉血，活血止血。治月经过多、瘀血腹痛及呕血、吐血等症。

3. 经期提前茶疗方

※青蒿丹皮茶

配方

茶叶3克，青蒿、丹皮各6克，冰糖15克。

用法

将茶叶、青蒿、丹皮用沸水冲泡20分钟，入冰糖溶化即成。每天1剂，分几次饮用。

功效

清热凉血，治实热所致月经先期，或1月2次，量多色紫，质地黏稠，或心胸烦热，小便黄赤，白带腥臭，舌质红，苔厚黄，脉数有力等症。

※冬桑苦丁茶

配方

苦丁茶、冬桑叶各 15 克，冰糖适量。

用法

前二味水煎取汁，入冰糖溶化即可。

功效

清肝解郁。治肝经郁火型行叶衄，症见月经提前或经期有规律性的吐衄血，血量较多，么红，伴头晕耳鸣，烦躁易怒，两胁胀痛，口苦，舌红苔黄等。

4. 产前保养茶疗方

※利水茶

配方

红茶和红糖各 150 克。

用法

分 7～10 次沸水泡饮，早晚各 1 次，一般羊水在 3000 毫升以上的孕妇，饮 1 疗程，即 7～12 天，可安全渡过产期。

功效

养血利水，用于孕妇羊水过多。

※止呕茶

配方

干绿茶适量。

用法

发病前，咀嚼干绿茶。

功效

治妊娠早期恶心呕吐。

※妊娠水肿茶

配方

红茶和红糖各 10 克。

用法

沸水冲泡，早晚各饮 1 次，7 ~ 20 天为一疗程。

功效

开郁利气，消胀止水。用于妊娠水肿。

※苏婆陈皮茶

配方

红茶适量，苏梗 6 克，陈皮 3 克，生姜 2 片，红芋 1 克。

用法

以上各味剪碎与红茶共以沸水闷泡 10 分钟，或加水煎 10 分钟即可。每口 1 剂，可冲泡 2 ~ 3 次。代茶饮，温服。

功效

理气和胃、降逆安胎。通用于妊娠恶阻、恶心呕吐、头晕厌食或食肉即吐等。

※葡萄蜜枣茶

配方

红茶 1. 5 克，葡萄干 30 克，蜜枣 25 克。

用法

水煎服，每天 1 剂，饮汤食枣。

功效

清热、养血、止血。治功能性子宫出血和孕妇胎动不安。

功效

益气安胎。

5. 产后疗疾茶疗方

※草麦茶

配方

绿茶 2 克，通草 10 克，小麦 25 克。

用法

先煎后两味，趁热加入绿茶即可。代茶饮用，每日 1 剂。

功效

适用于产后乳汁缺少。

※**芝麻绿茶**

配方

绿茶1克、芝麻5克，红糖25克。

用法

将5克芝麻炒熟研末备用。每次按配量加水400~500毫升，搅匀后，分3次温服。

功效

补肾温经，活血通乳，治产妇少乳。

※**蜡茶末**

配方

蜡茶末适量。

用法

调蜡茶末，制成丸，茶服，自通。

功效

治产后秘塞。

※**山楂止痛茶**

配方

绿茶2克，山楂片25克。

用法

加水400毫升，煮沸5分钟后，分3次温饮，加开水复泡可复饮，每日1剂。

功效

用于产后腹痛。

※蜂蜜鸡蛋茶

配方

绿茶1克，蜂蜜25克，鸡蛋2个。

用法

加水300毫升煮沸后加入绿茶、鸡蛋、蜂蜜，烧至蛋熟。每天早餐后服1次，4~5天为一个疗程。

功效

用于产后调养。

※益母茶

配方

茶叶3克，益母草6克，红糖15克。

用法

沸水冲泡15分钟后饮服。

功效

养血止痛，活血祛瘀。用于血瘀型产后腹痛，症见产后小腹剧痛、血流量少滞涩、有紫黑瘀血块、舌有紫点或瘀斑、脉强涩。

※川芎腊茶

配方

腊茶5克，川芎不拘量。

用法

将川芎研末备用。每日2~3次，每次取川芎末6克，川腊茶煎汤，取叶候温送服。

功效

补气益血，活血止痛，适用于产后头痛、气虚头痛等。

※蒲黄茶

配方

红茶 6 克，蒲黄 100 克。

用法

用水煎，去渣用汁，每日 1 剂，随意饮完。

功效

活血散瘀，用于产后胸闷昏厥、恶露不下。

※退奶麦芽茶

配方

茶叶 5 克，炒麦芽 60 克。

用法

同煎一小碗，每日 1 剂，随时饮用。

功效

退奶回乳。用于哺乳期过、断奶回乳。

6. 妇女杂症茶疗方

※红糖益母茶

配方

绿茶 2 克、红糖 25 克、益母草 200 克（鲜品 400 克）、甘草 3 克。

用法

加水 600 毫升，煮沸 5 分钟即可。分 3 次温饮，每日 1 剂。

功效

用于妇科盆腔炎。

※大枣甘麦茶

配方

绿茶6克，大枣10枚，甘草6克，小麦30克。

用法

共煎取汁，随意饮。

功效

养心安神，用于妇女狂躁症引起的如精神不安、悲伤欲哭、不能自主、失眠盗汗等。

※鸡冠花茶

配方

茶叶5克，鸡冠花30克。

用法

共煎，随时饮用。

功效

收涩止带，适用于白带多，对阴道滴虫亦有杀灭作用。

※茉莉茶

配方

干茉莉花 6 克，绿茶适量。

用法

将干茉莉花用 500 毫升水煎沸 3 分钟，趁热冲泡绿茶，盖闷片刻即可。每天 1 剂，分 3 次温服。

功效

清热止带，治白带过多症。

※仙鹤草茶

配方

茶叶 6 克，仙鹤草 60 克，荠菜 50 克。

用法

以上各味同煎。每日 1 剂，随时饮用。

功效

止血，适用于崩漏及月经过多。

第十五章
茶的疗养之道

对于茶的疗效，古代的医者都有自己的独到见解。早在三国时期神医华佗的《食论》中就有"苦茶久食益思意"的记载，从这句表述中可以知道。饮茶的益处。唐朝陈藏器《本草遗》一书中有云："止渴除疫，贵哉茶也……诸药为各病之药，茶为万病之药。"在《随息居饮食谱》中，谈到茶具有"清心神醒酒除烦，凉肝胆涤热消疫，肃肺胃明目解渴"之功效。

明代顾元庆所著《茶谱》一书中，对茶叶功用叙述得很全面："茶能止渴、消食祛痰、少睡、利尿道、明目益思、除烦、去腻。"李时珍在《本草纲目》中曾提到："茶苦而寒，最能降火，火为百病，火降则上清矣。"由此可见，茶的重要作用非同一般。在今人看来，经常饮茶不仅使人精神愉悦，而且同时还可补充人体一天所需的水分、氨基酸、维生素、茶多酚、生物碱、类黄酮、芳香物质等多种有益的有机物，并且还可提供人体组织正常运转所不可缺少的矿质元素。此外，经科学分析确认，茶中所含有的钾、钠、钙、镁、磷、锰、铁、锌、铜、镍、锶、铬、钴、钼、锡、钒等元素是人体所必需的元素。

茶之美容

品茗轩

娇女诗

（魏晋）左思

吾家有娇女，皎皎颇白皙。

小字为纨素，口齿自清历。

有姐字惠芳，眉目粲如画。

弛骛翔园林，果下皆生摘。

贪华风雨中，倏忽数百适。

心为茶剧，吹嘘对鼎。

　　茶叶含有丰富的化学成分，是天然的健美饮料，经常饮用茶水，有助于保持皮肤光洁白嫩，甚至可推迟面部皱纹的出现和减少皱纹。茶叶另具有减肥功效，例如乌龙茶、绿茶、沱茶等，对消食减肥都有一定的作用。

一、茶可美白防晒

现代医学研究证实，茶叶中含有丰富的营养物质和药理功能，如茶碱、儿茶素、氨基酸、脂多糖、矿物质及维生素等，尤其是维生素的含量较多。有人测定，每 100 克绿茶中维生素 C 含量高达 180 毫克，比白菜高出 7 倍，比香蕉高 10 倍；维生素 B_1 含量比苹果高 6 倍；维生素 A 的含量比鸡蛋高 2 倍。可见，茶叶是一种富含维生素的美容佳品。

茶叶中的儿茶素，是天然抗氧化剂，能有效提高超氧化歧化酶活性，有利于机体对自由基脂质过氧化物的清除，有抗衰老的作用。有关研究发现，儿茶素的抗衰老作用比维生素 C 和维生素 E 还高，特别在增强机体的各种病菌的抵抗力和免疫力方面更显得突出。因此，经常饮茶可减少生病、延缓衰老，使人青春久驻。

将喝过的绿茶茶渣研成粗末，加适量的嫩豆腐与鸡蛋清，用力搅拌成糊状；洗净面部，均匀涂敷约 15~20 分钟后洗去即可。这一面膜能有效提供皮肤营养，增加白嫩润泽，减少黑斑色素。如在炎炎夏季坚持每周敷面一次，效果更佳。

茶叶中所含的营养成分甚多，经常饮茶的人，皮肤显得滋润好看。将红茶叶和红糖各两汤匙加水煲煎，加面粉调匀敷面，15 分钟后，再用湿毛巾擦净脸部。每日涂敷一次，一个月后即可使容颜滋润白皙。

茶叶。除了喝茶美容外，茶叶还可用于茶浴美容和洗发美容。如果要茶浴美容，就要在浴盆中冲泡些茶叶水即可，浴后全身会散发出茶叶的清香，给人以美的享受，而且经过茶浴浸泡后，皮肤会变得光滑细嫩。用茶叶水洗头发，可促进头发生长和血液循环，能使头发健康美丽。

二、茶可消除黑眼圈

假如你的眼睛因用眼过多而疲劳，可用棉花沾冷水清洗眼睛，几分钟后，喷上冷水，再拍干，有助于恢复视疲劳。

但是如果长期用眼过度，就容易产生黑眼圈。而产生黑眼圈还有一些原因：睡眠不足、用眼过度、较长时间的强光刺激、缺少维生素 B_{12}、轻度发炎、贫血、曝晒在阳光下过久、遗传、疏于护理、月经期间性生活过度等等，因此要根据不同的情况加以防治。避免黑眼圈的最好办法是：作息正常、睡眠充足、营养均衡多运动、多呼吸新鲜空气来减少压力，并避免太阳直接照射，以减少黑色素的产生。消除黑眼圈最简单的办法是先把 2 袋茶包（茶叶包在纱布中即可）用冷水浸透，闭上眼睛，在左右眼皮上各放 1 个茶包，搁 15 分钟；或者用清洁的棉织手帕包冰块，搁在黑眼圈上停留几分钟，经常坚持效果更好。

如果你在太阳底下曝晒时间过长，使皮肤受损，可用一块棉花蘸冷茶水抹在晒红不舒服的部位，不要用力过大，时间把握以觉得舒服为好。睡前应彻底清洁眼部化妆品，如果清洁方法不当，最容易使眼睛红肿，最好用被温水浸泡过的茶袋压在眼皮上 10 分钟，但不可太靠近眼睑位置，可有助于眼睛的健康。

三、绿茶可爽肤

　　绿茶含有丰富的维生素 C 和抗氧化的元素，对于爱美的女士来说是一种天然方便的美容品。在晚间洗漱完毕临睡前，可把一杯泡好晾凉的绿茶用来作护肤化妆品。将绿茶水一点点轻拍到脸上，待干后可继续拍，直拍到可以明显感觉到脸有很滋润的感觉时即可，不用洗掉，可直接入睡。但是，用这种方法的时候一定要特别注意，泡的第一杯不能用，而要用第二次冲泡的绿茶水。而且这种方法比较简单可以有效地保持皮肤的清爽，一周用两个晚上来做就足以保证皮肤的滋润。

四、苦瓜茶可战胜"青春美丽豆"

日常大众在吃苦瓜时，一般只食用嫩果，嫩果里面的子也会相对来说比较柔软，最好是连果肉带子一起食用。苦瓜外皮与苦瓜仁均具有丰富的养分，吃起来也不会感觉奇苦难咽。如果下次再吃苦瓜时，千万不要再轻易丢弃苦瓜的子了。现代人多食一些肥厚油腻的食物，如果可以适时吃些清淡、降火的食物来平衡营养，对身体可以起到均衡营养的作用。不妨用苦瓜冲泡成茶，常饮可具有降火、解毒的功效。在夏季里，尤其是对容易长青春痘的青少年而言，可说是最佳的"战痘"凉饮。

茶之减肥

人体肥胖主要是皮下和肝脏等部位积累了许多的脂肪类物质，茶叶中含有咖啡碱、黄烷醇类、维生素类等化合物，能够增进脂肪氧化，除掉人体内过多的脂肪。因为茶叶具有促进脂肪消化，调节脂肪代谢的功能。茶叶中的咖啡碱在人体内经转化可与磷酸戊糖等形成核苷酸，这对于食物营养成分的代谢，特别是脂肪代谢有着重要作用。茶叶中的叶酸、硫辛酸、泛酸等解脂性物质以及茶叶中的卵磷酯、蛋氨酸、胆碱、甾醇类物质等也具有调节脂肪代谢的作用。难怪中国古代活了 130 岁高龄的人瑞和尚就曾说："无茶则病，有茶则安。"

云南普洱茶和沱茶均具有减肥健美的功能和防止心血管疾病的作用，经常喝沱茶，对年龄在 40～50 岁左右的人来说，具有明显减轻体重的疗效，对其他年龄段的人也有疗效，70% 以上的肥胖病人显著地降低了三酸甘油酯的含量。中国西北地区的少数民族"宁可三日无粮，不可一日无茶"，他们主要吃牛羊肉和奶酪等食品，却不发胖，其主要原因就是经常饮用茯砖茶。

茶中含有大量的食物纤维而食物纤维不能被消化，停留在腹中的时间长了，就会有饱足感。更重要的是茶还能燃烧脂肪，这一作用的关键在于维他命 B_1，茶中富含的维他命 B_1 是能将体糖充分燃烧并转化为热能的必要物质。

一、古代减肥秘药荷叶茶

据史料记载，荷叶茶是古代的一种减肥秘药。用荷花、荷叶及果实制成的荷叶茶饮料，不仅能令人神清气爽，还有改善面色、减肥的神奇作用。充分利用荷叶茶来减肥，需要一些小窍门。首先，必须是浓茶，第二泡的效果不好。其次，一天分6次喝，有便秘迹象的人一天可喝4包，分4次喝完，使大便畅通，对减肥更有利。第三，最好是在空腹时饮用，其好处在于不必节食。荷叶茶饮用一段时间后，对食物的爱好就会自然发生变化，变得不爱吃油腻的食物了。此外，荷叶茶不用煮，将一包茶放在茶壶或大茶杯里，倒上开水就可饮了，最好能闷5~6分钟，这样茶会更浓。而且就算茶凉，其效果也不会发生变化，所以夏季可冰镇后饮用，味道更佳。

二、可快速燃烧体内脂肪的乌龙茶

乌龙茶即有红茶的浓郁口味，又有绿茶的淡淡清香气息。几乎不含维他命C，却富含铁、钙等矿物质，含有促进消化酶和分解脂肪的成分。乌龙茶中含有大量的茶多酚，可以提高脂肪分解酶的作用，并且可以降低血液中的胆固醇含量，有降低血压、抗氧化、防衰老及防癌等作用。饭前、饭后喝一杯乌龙茶，可促进脂肪的分解，使其不被身体吸收就直接排出体外，这样可有效防止因脂肪摄取过多而引发的肥胖。

临床试验表明，经常喝乌龙茶的人，身体质量指数和脂肪含有率都比少喝的人偏低。而且，女士喝乌龙茶的减肥效果要比男士略为显著。专家解释说，这是因为乌龙茶同红茶及绿茶相比，除了能够刺激胰脏脂肪分解酵素的活性，减少糖类和脂肪类食物被吸收以外，还能加速身体的产热量增加，促进脂肪燃烧，尤其是减少腹部脂肪的堆积。三餐前后都喝一杯乌龙茶，会更有利减肥。但是一定要喝热茶，而且不要加糖。饭后喝时应该注意，不要饭后马上喝，应隔一小时左右时再饮比较恰当。同时，喝茶也要适应个人体质，如果喝茶后感到不舒服，像胃痛或睡不着觉，最好还是适可而止。泡茶时，水温要控制在80℃～90℃左右为宜，泡好的茶要在30～60分钟内喝掉，否则茶里的营养成份会被氧化。

三、可降低中性脂肪的杜仲茶

杜仲茶所含成分可促进新陈代谢和热量消耗，从而起到使体重下降的作用。除此之外还有预防衰老、强身健体的作用。据有关临床试验表明，杜仲茶具有延缓衰老、健身、减肥的作用，对肝肾疾病、高血压、动脉硬化、腰膝酸痛、阳痿尿频等症状有一定疗效。故被中外医学界视为名贵的"滋补"中药。近年来在茶叶市场上，杜仲茶因其保健功效确实，系纯天然杜仲叶加工，不加任何添加剂、色素、糖，因而广受年轻爱美的女性消费者青睐。

四、桑叶茶消除体内脂肪

中医将桑树叶称为"桑叶"，认为其药效极其广泛。有止咳、去热，治疗头昏眼花、消除眼部疲劳的作用，而且可以消肿、清血，对痢疾、腹痛、补肝、美肤等有治疗功效。此外，对于爱美的女性来说，喝桑叶茶可以减肥。桑叶有利水作用，不光可以促进排尿，还可使积在细胞中的多余水分排走，所以桑叶能够消肿。

桑叶将血液中过剩的中性脂肪和胆固醇排清，即是其特有的清血功能。肥胖是腹部、脊背的脂肪细胞中贮存了过多的脂肪。当血液里的中性脂肪减少时，贮存的脂肪就会被释放出来，以热量的形式被消耗掉。这样反复下去，身体里的脂肪就会减少。

因此减肥和改善高脂血病是相互关联的。另外，高脂血病人的血液黏度高，在毛细血管中的流动不畅。毛细血管只有头发的1/100。所以容易堵塞，心肌梗塞和脑溢血都是毛细血管堵塞的结果。

桑叶中含有强化毛细血管，降低血液黏度的黄酮类成分，所以在减肥、改善高脂血症的同时，又有预防心肌梗塞和脑溢血的作用。

五、黑茶可抑制脂肪堆积

黑茶由黑曲菌发酵制成，在发酵过程中产生一种普诺尔成分，因其是黑色的而顾名思义。中国的普洱茶和六保茶都属于此类，从严格意义上说，发酵茶也就只有这两种，长期饮用可起到防止腹部脂肪堆积的作用。

用黑茶减肥，最好是喝刚泡好的浓茶。需要特别注意的是，虽然量越多效果越强，但一般情况下应保持一天喝 1～1.5 升左右即可，而且不要一次喝完，应在饭前饭后各饮一杯，并长期坚持下去，疗效才显著。

六、"糖的杀手"吉姆奈玛茶

饭后一杯吉姆奈玛茶,可有效抑制糖分的吸收。也因为吉姆奈玛茶的绰号,在印度被叫作"糖杀死"。嚼过吉姆奈玛叶以后再吃糖,口里一点儿都不会有甜腻的感觉。喝茶后会在很长一段时间内,再不会有想吃甜食的感觉,尤其是容易使人发胖的糖食品。

吉姆奈玛茶不仅对糖尿病,而且对防治和改善肥胖也有很疗效。

喝了吉姆奈玛茶后,一个小时之内都不会对甜味有感觉,所以甜食不再有诱惑力,摄取量自然大减。此外,糖分和碳水化合物的吸收量也会大大降低,从而转化成的脂肪量也就相对减少。

一些有肥胖倾向,而又特别喜欢吃米饭、面粉等碳水化合物及甜食的人,多喝吉姆奈玛茶可以起到抑制肥胖的作用。每天一杯即可,但是要注意,吉姆奈玛茶并不能阻碍脂肪的吸收。所以一定要注意不能吃太油的东西。吉姆奈玛茶在一般的健康食品店内就可买到。

七、适宜不同年龄段的中草药瘦身茶

1. 30 岁以下的白领适用清热型

对象:30 岁以下的白领发胖的原因多是因为应酬多、饮食多油腻、工作压力大,由此造成体内热量多余,身体亢奋,容易口苦、口臭，易饥饿，情绪烦躁，小便偏黄，爱便秘。从中医学来看，清热型茶饮除了可消脂、利尿外，关键是清热，身体代谢功能才会恢复正常。

使用药材：决明子或绿茶。

决明子，性微寒，可以降血压、降血脂、通便，如果本身血压高又便秘，更应选择决明子茶。但如果体质寒凉，容易拉肚子、胃痛的人，就不适合。绿茶，属凉性，可以消脂消食，美国营养学会期刊已证实绿茶确有减肥作用，也有抗癌作用。但绿茶是不发酵茶，中医学认为比较容易刮胃，肠胃不好的人要多留意。

2. 30 岁以上的少妇适用健脾型

对象：迈入 30 岁门槛的女人，有些人发胖，只是因为气虚，需要健脾。中医认为气虚会使脾的运作不正常，把气补足，身体机能自然恢复，能够正常代谢，自然就瘦下来。

使用药材：薏仁、黄蓍或茯苓。

薏仁，性平，利湿，因为性质温和效果不快，多半搭配其他药材或食材食用。黄蓍，味甘，性微温，补中益气，利水退肿。本身没有降脂作用，但在中医理论中，气虚需要补气，以增强身体代谢的效率，黄蓍也可增强免疫功能。茯苓，味甘，性平，补脾又利尿，可以降血糖、镇静、补气、增强免疫功能。长期吃也没问题。民间吃茯苓膏、四神汤都有它。

3. 年轻女孩适用的理气型

对象：消化代谢不完全，自然容易胖，而且以年轻女性居多，常见症状为，容易胸闷、肚子发胀，情绪起伏不定，严重的时候导致月经失调。尤其是女孩在遇事时，比较倾向于以吃东西来缓解精神状况的现实，容易导致肥胖。

使用药材：陈皮或玫瑰花。

陈皮，可以帮助消化、祛痰、理气。单独用来减肥效果不强。玫瑰花，也可以理气，副作用不大，须搭配其他减肥药材。

4. 中老年人适用的滋阴型

对象：迈入 50 岁的中年人一部分老年人是阴虚体质易肥胖。中年女性到了这个年龄易口干、浑身不适，尤其是腰爱酸；老年人则爱头晕、睡眠质量不好。中医学认为，造成这种现象的原因是阴血不足。而从西医角度来看，随着年纪增长，代谢速率下降，循环不好，血液没办法发挥功能去滋养组织。

使用药材：何首乌或丹参。

何首乌，降低血脂，补血，对老年人肥胖疗效较好。丹参，有轻微补血的作用，可以活血，有降低胆固醇、血脂的效果。对冠状动脉心脏病、心绞痛也有疗效，还可以改善循环。

八、方便可行的绿茶瘦身方

瘦身茶方 1：绿茶粉、薏苡各适量。

将绿茶粉放到碗里，然后加一些炒熟的薏苡粉，即糙米粉，黄豆亦可，加上奶油搅和均匀，用热开水冲泡即可饮用。经常服用可以美容养颜，让肤质更幼嫩，亦可利尿消脂。

瘦身茶方 2：绿茶粉 2 克、荷叶 3 钱。

以沸水冲泡，即可当饮料喝。对口干舌燥、容易长青春痘、血气不好、脸部皮肤松软不结实、肥胖症的疗效均佳。

瘦身茶方3：绿茶粉6克、山楂5钱。

加三碗水煮沸6分钟，三餐后服饮，加开水冲泡即可续饮，每日一帖。可以消除赘肉油脂，对瘀血的散化很有效果。

瘦身茶方4：绿茶粉6克，何首乌、泽泻、丹参各3钱。

加七碗水左右，煎煮成二碗份量的汤汁，每日一帖。对贫血、新陈代谢不良、水肿都有明显的改善作用，另外亦可降低脂肪。

九、冬春之交三款中药消脂茶

一个春节下来，好吃好睡，会增膘不少。消除肥胖的最佳中药是山楂、何首乌，其次还有陈皮、茯苓等，这些中药具有消食化积与降压、降血脂及胆固醇等功效，还有迅速吸收、健胃整肠之功。

特别是对于喜欢坐着上网，或长时间打牌的人而言，长时间坐着会出现虚胖现象。这时，可服用消脂去水中药茶，或者用诸如肉桂、枸杞、山药等中药来配合清淡的食物进行调理。

1. 山楂首乌茶

用法

山楂15克、何首乌15克，将山楂、何首乌分别洗净、切碎，一同入锅，加水适量，浸渍2小时，再煎煮1小时，然后去渣取汤当茶饮用。

2. 桔皮茶

用法

桔皮或橙皮若干，茶叶5克，把桔皮、橙皮切好，加茶叶同泡即饮。

3. 姜醋红糖茶

用法

生姜 10 克，醋 5 克、茶叶 5 克，红糖 5 克。姜片用醋，最好是米醋，浸泡一夜，再与茶叶、沸水同泡，饮时加红糖，这种茶对食滞胃寒的人特别合适，红糖还可用蜜糖代替。

既可美容又能减肥的各式花草茶

一、饮用花草茶的优点

冲泡花草茶时，可以看见美丽的花朵或叶子在热水中复苏、慢慢伸展开来，随着水温的不同，有些花草茶会展现出不同的美丽色彩。当热水注入那一刻，花草茶散发出的那份纯天然香气，更能使饮者舒畅身心。因此，饮用花草茶可说是结合视觉、嗅觉与味觉的一种全新享受。

花草茶的优点很多，例如：

不只是饮料，更是接触自然的亲密媒介。当喝下花草茶时，身体自然会对这种纯天然的感觉亲密接触，完全放松身心，解除压力。对处于繁忙的都市人而言，花草茶不仅可当作一种天然饮料，更可借着饮用的时机，与自然近距离接触。

温和调理身心，符合健康理念。花草茶具有疗效自古就有证明，由于花草是大自然的产物，用于调理身体时不会有副作用产生，虽然不如药物有立竿见影的效果，但长期饮用可使身体获得健康。因此，不妨将喝花草茶视为一种健康理念。

不含咖啡因与茶碱，不会上瘾。花草茶不同于一般茶叶或咖

啡，不含有茶碱、咖啡因等让人上瘾的成分，因此不用担心会对身体造成不良影响。

可回冲又耐泡，健康又养生。花草茶可以回冲很多次，不像茶叶不能久泡，也不像咖啡只能冲泡一次，这是花草茶的一大特色。如果喝不完一直泡着，也不用担心会渗出不好成分而对身体不利。

二、特别口味的几款养颜美容茶

蓝莓。蓝莓内含有天然维生素 C 与叶酸，含有丰富的抗氧成分，可帮助人体细胞的脱氧核糖核酸线粒体（mitochondrialDNA）去除毒素——氧合基（oxygen radical），长期饮用蓝莓花茶可以帮助肠胃消化，并且有养颜美容效果。

综合水果。水果内含天然维生素 A、B、C，而且口感具有综合水果的香味，不但可解腻、去油、消脂、养生、助消化，且能预防感冒，冷热皆宜。持续饮用，将促进健康，可以帮助肠胃消化，而且综合水果更有养颜美容效果。

蝴蝶草。蝴蝶草又名"醉鱼草"，具有养颜美容效果，调节内分泌失调困扰，或是女性白带过多，经痛不顺者常饮疗效更佳。

莱姆甜酒。莱姆甜酒是由蓝莓、玫瑰果和接枝果加甜酒而成，口感既有甜酒独特的香味，又有综合水果的香甜口味，且内含有天然维生素 C 与叶酸。而且富含丰富的维他命 E，可明亮眼睛，更主要的是可以帮助肠胃消化，并且有养颜美容效果。

三、美白养颜、祛斑祛痘，减肥瘦身的美容花茶

玫瑰花：清火润喉，具有消斑、除皱、养颜之功效，是花中之王，也是最受女性喜爱的一种花茶。

康乃馨：美白皮肤，祛斑除皱，是美容养颜的名贵花茶。

紫罗兰：不但可清火养颜、滋润皮肤，还能给皮肤增加水分，增强光泽，防紫外线照射。

芍药花：养血柔肝，能使气血充沛，容颜红润。

勿忘我：美容增白，清火明目，特别是对雀斑、粉刺有一定的消除作用。

薰衣草：是台湾名茶，可祛痘祛斑、降火安神，增白紧肤，修复疤痕，促进伤疤的愈合；而且还可强力除菌、消热凉血、促进新陈代谢。

玉美人：调养气血、润肤乌发，还能减肥瘦身。据史料记载，玉美人曾是皇宫里贵妃们专用的减肥茶。

桃花：美容美颜，调节经血，还能减肥瘦身，是功效最多的一种花茶。据中医介绍，玉美人与桃花搭配在一起减肥效果更佳，而且效果尤为明显，绝无副作用。

四、特殊功效花茶，可降血压、降血脂、降血糖

玫瑰花：排毒养颜、开胃健脾、软化血管。

白雪茶：能消除体内垃圾，排出毒素，此种花茶是高血压、高血脂、肥胖者的首选佳品。

五、清香解渴、解暑，消炎解毒、清凉润肺、润咽喉的花茶

玉蝴蝶：清肺热、利咽喉。

百合花：降火安神、清凉润肺。

玉兰：养颜美白、改善睡眠。

野菊花：避暑消热、清心明目。

人参花：清香解渴、清凉降火、补血补气、健脑提神。

金银花：清火润喉、清热解毒，对咽喉肿痛、扁桃体炎疗效尤为显著。

金盏菊：养肝明目、美颜美容、解毒消炎，专治头晕、胃寒痛等疾病。

君白菊：清热解毒，保肝明目，在夏季是解暑、抗疲劳、软化血管的首选佳品。

金黄菊：清热解暑、消肿明目，长期饮用能有效排出毒素、消除体内垃圾。

茉莉花：喝起来清淡雅致，可以安抚烦躁的情绪，具有疏肝和胃、理气解郁，对防治月经不调、痢疾、肿毒等疗效好。

菩提：有助于新陈代谢，能维持窈窕身段。

六、花草茶针对不同器官排毒

一般人身体里或多或少有一些毒素的积累，天长日久美丽容貌和健康身体就会因毒素的堆积而一去不复返。选择适合自己身体的花草茶，可以将排毒进行得简单容易。只要针对不同器官，并配合个人喜好，选对了花草，就能轻松而又温和地排出体内毒素。

在大自然中，与花草相遇，用身心静静地感受花草特有的色、香、味，让全身陶醉在来自于大自然的韵味和芬芳中，既可细细品尝到花草背后的特殊文化气息，同时又让身体在这样美丽的环境下悄然把毒素排出。不同花草茶针对不同器官，会起到意想不到的作用。

　　肺：长期生活在城市中的人都有或多或少的肺部污染，空气的污浊和二手烟的危害时常会让人感觉喉咙难受，有时还会出现短暂的呼吸不顺畅甚至咳嗽不止。紫罗兰、百里香、甘草根三个加上少量陈皮，一起冲泡，可止咳润肺。紫罗兰加桂花一起冲泡，也有相同效果。

　　肠：肠胃不好的人通常都有肠蠕动不顺畅而造成习惯性便秘，宿便的累积造成身体积聚了大量毒素，对直肠的伤害最危险，进而使人的体内环境受到污染。洋甘菊、茴香、茉莉花、薄荷、紫罗兰，可以选择喜欢的口味冲泡，具有增加肠胃蠕动、改善胃胀气的效果。

　　肝：肝脏是人体重要的排毒代谢器官，不少药物都会在肝脏进行代谢，代谢不佳就容易累积毒素，对人体有害。肝脏还能促进胆汁分泌、分解脂肪，对身体脂肪代谢很重要。在适当的时间里，选择一款柠檬草、迷迭香、朝鲜蓟、马鞭草为主的花草茶，可以加强肝脏代谢，并起解毒的功效。

肾：肾有统管人体各脏腑阴阳的功能，是人体阴阳的根本。肾阳起着温暖脾阳、调节大小便的作用。肾对人体的津液代谢有重要的主持和调节作用。非生理期水肿的人通常是肾脏无法顺利代谢水分。迷迭香、蒲公英、杜松果、欧石楠具有利尿效果，并能强化肾脏的运作。

花草茶彼此之间互相搭配，会有意想不到的显著功效。花草茶除了能专门针对器官进行排毒外，还可进行适合搭配，可起到开胃、美颜等作用。

减压茶方：茉莉、玫瑰、紫罗兰、金盏花、薰衣草、菩提等加以冲配饮用，能使疲累顿消。

养颜茶方：任何花草茶调成冷饮，或加入水果粒，或者加入冰糖，不但可强化花草茶的口感，还能补充肌肤所需维他命，起到养颜作用。

瘦身茶方：芙蓉花略带微酸口感，但能促进血液循环，奥勒冈能调节新陈代谢，蔷薇果则能补充维他命 C，把此三种花草茶搭配饮用能使瘦身变得轻松易行。

安神茶方：菩提与洋甘菊搭配，适合入夜前的轻啜，让全身在茶香中轻轻漂浮。

但是一定要注意饮用时间，不同的饮用时间，花草茶的效果也会有所不同。饭前饮用花草茶能加强消化，饭后饮用则可治疗肠胃不通畅与胃敏感。而花草茶本身不含咖啡因，当开水一样喝也无妨。不过，像薄荷、茉莉这些具有提神效果的花草茶，应该避免在夜间饮用，以免影响睡眠质量。同时，特别提醒注意，孕妇及病人一定要慎重选择花草茶。虽然花草茶可以健康轻松地排毒，不过却不是所有人都适合饮用的。孕妇和一些例如肾病、糖尿病、高血压等特殊病患者本身身体就有一定差异性，不是每种花草茶都适合饮用，有的花草茶不慎饮用反而会加重病情，所以患者在饮用前最好先征求医生的意见。

第十六章
千奇百怪话茶史

美丽的传说——"神农尝百草"

在我国古代，民间盛传着关于神农的故事。东汉时期的《神农本草经》载曰："神农尝百草，日遇七十二毒，得荼而解之。"

汉代许慎《说文解字》中尚无"茶"字，曾有人考证，"荼"字就是"茶"字的古体字之一。此外，《尔雅》中亦载有"茶"的古体字"槚"等。据古书记载，神农即神农氏，是生活在距今四五千年前的上古时期氏族部落的首领，他带领部落的人们种百谷，植桑树，从事农业耕作。

　　为了治疗人们的疾病，神农氏经常寻草药于深山大川之中。传说神农氏有着透明的身体，草药入肚后，药行到何处，药效及治病机制明晰无疑。他每日口尝数种草药，有的含剧毒，使他口干舌燥，五内若焚，每当遇到此种情形，神农氏就找寻茶叶放在

口中慢慢咀嚼，其味苦涩而后甜，随之舌底生津，身体诸种不适便逐渐消失，且神志愈发清醒。有一天，神农氏尝了一种草后，肚肠突然一节节断了，而茶叶又找寻不到，于是就断肠而死。

神农氏的传说，相当程度上反映了中华民族上古时期历史的真实性。可以说，神农氏是传说中世界上对茶叶最早发现、认识和利用的第一人，是中国古代农业和医学的创始者。后人为了纪念他的功绩，奉神农氏为"三皇五帝"中的"炎帝"。

巴蜀——茶的起源之地

《茶经·一之源》载曰："茶者，南方之嘉木也。"茶树最早产于滇、贵、川，那里有着茂密的原始森林和肥沃的土壤，气候温暖湿润，特别适合茶树的生长。约 100 万年前地球进入冰川时期，大部分亚热带作物被冻死，而滇、贵、川特有的温湿地理环境，使这一地域中的许多植物，包括茶树得以幸存下来。据考证，滇、贵、川地域有着众多的野生茶树。其中，在滇南勐海县大黑山原始丛林中发现的高达 32.12 米的野生大茶树，是迄今为止世界上最大的野生茶树。

据日本科学家研究发现，茶的传播以滇、贵、川为中心，向外辐射。南迁因气温变暖，则向乔木化、大叶种发展；北迁因气温变寒，则向灌木化、小叶种进化。有人认为，地球上北纬45°以南，南纬30°以北区域内的50多个国家所种植的茶，全部源于滇、贵、川。同时，茶的饮用也最早从滇、贵、川开始。

汉代《华阳国志·巴志》中有确凿的文字记载，曰："自西汉至晋，二百年间，涪陵、什邡、南安（今剑阁）、武阳皆出名茶。"还有，"周武王伐纣，实得巴蜀之师……丹漆、茶、蜜……

皆纳贡之。""且园有芳蒻、香茗。"文字表明,巴蜀地区远在3000年前的周朝就有人工种植的茶园,茶已经是生活中的重要饮品和朝贡给天子的礼物。

　　对于茶树的人工种植,虽然文字记载始于周,但茶学界公认是在汉代,即蒙山茶的种植。宋代王象之《舆地纪胜》载曰:"西汉有僧从表岭来,以茶实蒙山。"《四川通志》载曰:"汉代甘露祖师姓吴名理真手植,至今不长不灭,共八小株。"蒙山是位

于四川雅安县和名山县之间的历史名山。"蒙顶山上茶，扬子江中水。"这是后人对蒙顶茶的最好赞誉。

"以茶养廉"的故事

茶之饮，始于周，盛于汉。两汉时期，社会崇尚简约、朴素和节俭，传世的汉代艺术品如霍去病墓前的石马、汉隶碑刻、铜印等，均向我们展示其古拙、雄强、浑厚、阳刚的气息，折射出汉代社会俭朴的时代特征。

自汉入两晋南北朝，时尚去汉甚远，官吏士人皆好奢侈，聚敛财物，夸豪斗富。《晋书》卷三十三载曰："何曾性奢，帷帐车服，穷极绮丽，厨膳滋味，过于王者。"于是，以儒家为代表的文人士大夫提出力纠奢靡、恢复两汉清廉之风的主张。

　　至南朝齐世祖武帝，下旨其死后灵位前只以干饼、蔬果和茶祭之。"以茶代酒"，且"以茶养廉"，对当时社会风气的转化起了重要的作用。茶，第一次在社会历史进程中扮演了积极而重要的角色，实现了茶由简单的物质功能上升至文化功能的飞跃。鉴于此，"以茶养廉"标志着中国茶文化史的起源。

陆羽与《茶经》

陆羽（733－804），字鸿渐（一名疾，字季疵），自号桑宁翁，又号竟陵子，湖北竟陵人。

博学能文天性清俭
金上僧同妾言可歌

竟陵，即今湖北省天门县。唐代时，竟陵宛如江南，为山清水秀的鱼米之乡。诗人皮日休在《送从弟皮崇归复州》有诗赞曰"竟陵烟月似吴天"、"处处路旁千顷稻，家家门外一渠莲"等。宋代欧阳修撰《新唐书·隐逸·陆羽传》载曰："陆羽为弃儿，由龙盖寺智积禅师收养。"唐代寺院多植茶树，寺院众僧以茶助禅，故陆羽自幼熟练茶树种植、制茶、烹茶之道，虽年幼已是一等茶艺高手。面对晨钟暮鼓，黄卷青灯，陆羽志不在佛，终于在智积禅师欲为其剃度皈依佛门时，跑离了寺院。陆羽时年约12岁，此后浪迹江湖。

天宝五年（公元764年），陆羽得识竟陵太守李齐物，为太守府座上客。李齐物欣赏其诗书，勉其学业，劝其弃杂戏。陆羽又与礼部员外郎崔国辅结为忘年之交，而崔国辅与杜甫友善，长于五言古诗，陆羽受其指授，学问大进。在其22岁时，陆羽拜别崔国辅，告别家乡，开始了云游天下、结交四方挚友、立志茶学的研究生涯。

公元755年，陆羽住乌程苕溪（今湖州），结识了许多著名文人，如大书法家颜真卿、诗僧皎然、诗人孟郊、皇甫冉等。多

古陸文學傳題云自傳而曰名羽字
鴻漸或六名鴻漸字羽未知孰是然
則宣其自傳也茶載前史自魏晉
以來有之而後世言茶者必本鴻漸
蓋為茶著書自羽始也至今俚俗賣
茶鋪中多置一甄偶人云是陸鴻漸
至飲茶客稀則以茶沃此偶人祝其
利市其以茶自名久矣而此傳載羽
著書頗多云君臣契三卷源解三十卷
江表四姓譜十卷南北人物志十卷
興歷官記三卷湖州刺史記一卷茶經
三卷占夢三卷當止茶經而已此皆作
書皆不傳獨茶經著於世爾

年的云游生活使他积累了大量的有关各地茶的资料，江南清丽宜雅的山林水郭，友人的倾力支持，都使他从心底萌发出写就历史上第一部茶学专著的激情。经过一年多的整理构思，即公元763年，陆羽时年28岁，人类历史上关于茶的第一部专著——《茶经》诞生了。

《茶经》对茶的起源传说、历史记载，采摘、加工、煮烹、品饮之法，水质、茶器，以及与之紧密相关的文化习俗等内容皆作了系统全面的总结，从而使茶学升华为一门全新的、自然与人文紧密结合的崭新学科。《茶经》的诞生，标志着中国茶文化步入成熟时期。

宋人斗茶

斗茶亦名"茗战"、"点茶",其法承传唐朝烹茶技艺。唐人用釜煮茶,宋人则改用茶末置碗中,注沸水,用"茶筅"搅拌、

和匀,使茶汤成乳液状,表面泛起白色泡沫,茶碗内沿与汤面沫花相接天然,无水痕,沫花持久不散,称之"咬盏";直到花散水出,称之"云脚散",由此评定茶的胜负高下。

蔡襄《茶录》记载斗茶之风出自贡茶之地建安北苑山(今福建省建瓯县凤凰山麓北苑)。因产制进贡,需定高低,则日久形成品评之道,蔡襄称之"试茶"。此法大得文人雅士喜爱,是以

宋徽宗《大观茶论·序》载曰："天下之士励志清白，竞为闲暇修索之玩，莫不碎玉锵金，啜英咀华，较箧笥之精，争鉴别裁之。"

著名词人范仲淹《和章岷从事斗茶歌》诗曰：

北苑将期献天子，林下雄豪先斗美。

鼎磨云外首山铜，瓶携江上中泠水。

黄金碾畔绿尘飞，碧玉瓯中翠涛起。

斗茶味兮轻醍醐，斗茶香兮薄兰芷。

其间品第胡可欺，十目视而十手指。

胜若登仙不可攀，输同降将无穷耻。

斗茶初创于民间茶区，其技巧性强，过程富于趣味，故为文人士大夫接受，乃至皇帝也加入到斗茶行列。几乎漫及各阶层的斗茶之风，促使宋代饮茶之风更胜于唐代。器具的讲究、技艺的精湛是宋代茶文化的特征。另一方面，朝纲凌乱，社会反复动荡，茶人也只能寄情与此。但此时与唐代陆羽时那种炉火旺红，釜中汤沸，茶气弥漫升腾，至人以潜心静虑，问茶悟禅，充分享其天人合一、宇宙大同而道法自然的情景相比，斗茶的格局意蕴要逊色得多。当然，宋人士大夫尚意式的品茗，追求茶饮与自然环境的契合，以山水泉壑佐茶思，抒胸中浩然之气，融茶于文学、书画艺术之间，可说是茶文化发展的新亮点。

宋人的另一种烹茶技艺是"分茶"。这种茶艺形式初创于北宋时期，人们在斗茶评定茶的优劣之暇，尚进行着分茶观汤的游戏。同斗茶一样，分茶即用釜煮茶末，汤沸时产生无数白色泡沫汤花，再倒入茶碗中，用小勺搅拌茶汤，宋人茶碗多为黑釉建盏，而茶汤表面泛起的白色汤花与茶碗之黑色、茶汤的嫩黄浅绿相映成趣，共同组成许多不可名状的图案，宋人称之为"水丹青"。陆游在其《临安春雨初霁》诗曰："矮纸斜行闲作草，晴窗细乳戏分茶。"

茶禅一味

　　茶的饮用在唐代得到了迅猛发展,起源在于佛教禅宗的流行。禅,意为坐禅静虑,讲究的是参禅悟道,正所谓"顿悟"。坐禅入定,茶可破睡提神,茶味之先苦而后甘的过程似与问禅的渐入佳境相似。当然,茶味之苦更多与佛教的青灯苦寂吻合,或者说茶的本性与佛理有诸多贯通之处。唐代赵州观音寺从谂禅师,人称赵州和尚。《广群芳谱·茶谱》引《指月录》载有僧到赵州从谂禅师那里,禅师问僧人:"新近曾到此间么?"曰:"曾到。"师曰:"吃茶去。"又问僧,僧曰:"不曾到。"师曰:"吃茶去。"后院主问曰:"为甚么曾到也去吃茶去,不曾到也去吃茶去?"师召院主,主应诺,师曰:"吃茶去。"这便是日后禅林法语"吃茶去"的由来。吃茶就是坐禅、问佛乃至顿悟,故后世有"茶禅一味"之说,茶饮之法正式列入禅宗《百丈清规》。赵朴初先生曾作诗云:"七碗受至味,一壶得真趣。空持百千偈,不如吃茶去。"启功先生又有诗云:"七碗神功说玉川,生风枉讫地行仙。赵州一语吃茶去,截断群流三字禅。"

书斋品茗与世俗清饮

元代蒙古人主朝，与豪放粗犷、以酒为饮的游牧民族生活习性相比，过于细腻精致甚至繁复的茶艺自然沦落到前所未有的低谷期。文人士大夫有感于山河破碎、国朝倾覆，加上汉人备受歧视，文人地位低下，故而纷纷隐于书斋，隐于山林，"推开世尘事，不在五行中。"先朝热闹异常的茶艺也逐渐成为文人书斋中更趋雅致的品茗活动。这一变革，恰好修正宋代因茶技的穷极精致而导致茶文化出现的弱化之势，进一步发展了宋代尚意式的文人饮茶之法，为茶文化高潮的到来奠定了人文和物质的基础，同时也开启了明清文人书斋式典雅的饮茶方式。

明清时期，统治者对文人实行高压政策，文人士大夫虽胸怀大志却无处施展，只能寄情于山川泉壑、琴棋书画。这些文人士大夫大多为饱学之士，其爱茶，艺茶，以茶雅志，"养吾胸中浩然之气，涤心中之块垒。""吴门四才子"中的文徵明、唐寅以及"扬州八怪"中的郑板桥、金冬心、丁敬、汪士慎等，他们于绘画、书法、琴棋之艺，可以说是无所不精，同时于茶饮一道又极为嗜好，茶饮题材成了他们艺术创作中的重要内容。文徵明的《惠山茶会图》、唐寅的《事茗图》、郑板桥的《墨竹图》、金冬心的《双井茶饮隶书轴》、汪士慎的《墨梅茶熟图》、丁敬的《茶

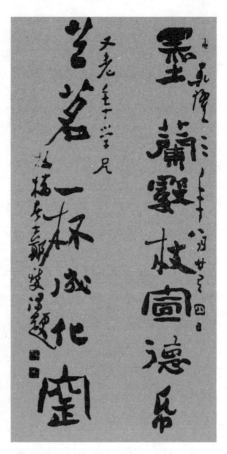

舛相对册页》等，皆以茶融自然与自身情感为一体，以慰藉他们以及无数文人的心灵，在归隐的生活中，昭示他们一片绿色的憧憬。

公元 1391 年，明太祖朱元璋下诏废团茶，改贡叶茶（散茶）。这种用沸水冲泡整叶茶的瀹饮法，简便异常，尽茶之真味，可谓天趣悉备。散茶的饮用、书斋式品茗的特定环境及文人对茶艺的钟情，促使紫砂壶制作有了崭新的变革，壶制更宜于把玩，更宜于雅赏。

"开门七件事，柴米油盐酱醋茶。"明清茶饮从文人书斋到平

民大众的普及，使茶成为中华民族的重要特征之一，其丰富的精

神和文化内涵又被人们认同为高洁的民族情操。人们不断通过茶
事活动，完善茶艺、茶礼、茶俗在各阶层、各地域的发展，这一
品饮的世俗化在茶馆的历史变迁中得以显现。宋代张择端的《清
明上河图》中，可以清晰地看到市井茶肆；宋人的《梦粱录》对
南宋时期临安（今杭州）遍及大街小巷的茶馆、茶坊进行了详细
的描述；吴友如的《点石斋画报》绘写清末市井生活，其中茶坊
百业之态是其笔墨重彩之处。

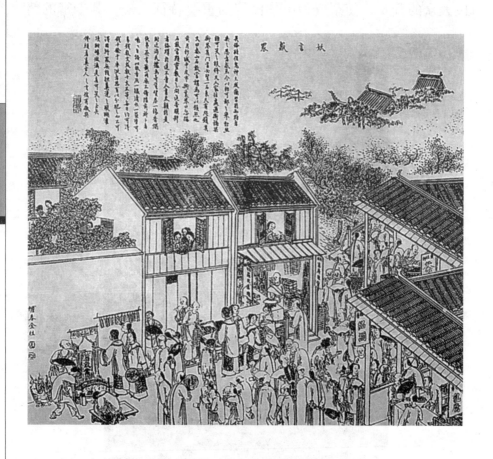

今江南某地的湖心亭茶室是旧式茶馆的典范，馆堂布置、器具饮式均让人品味到传统茶馆的深厚历史积淀。上海"南香茗茶行"则是现代茶庄的代表，其连锁经营已形成茶业新的品牌。店内不仅有各地名茶，并以专营安溪铁观音和云南普洱茶为其特色，且展示茶庄收藏丰富的陈茶及茶具，间以名人书画，客人可三五小聚，相约品茗。尤其是店内珍藏近百年历史的古董普洱茶可赏可尝，茶汤甘滋醇厚，妙不可言，堪称一绝，在此可赏鉴茶艺历史的雪泥鸿爪。

茶馆提供了这样一种可能，文人雅士可以高谈阔论，山野村夫也可以说古道今。茶馆是民间人际交流的室所，是百姓大众抒

发情感的场地，是打发人们闲暇时光的空间，是滋养培育朴实民风、民俗的摇篮，是社会生活历史留痕的窗口。

第十七章
品茶艺术大讲堂

说喝茶

美学家朱光潜先生说："知道生活的人就是艺术家，他的生活就是艺术作品。"热爱生活，充满生活情趣的中华民族，创造

和积累了丰富多彩的生活艺术，如烹饪、插花、编织、服饰、养鸟、钓鱼、放风筝、春日踏青、九九登高等等。品茶，也是其中一项。爱茶善品者即是茶艺家，形式多样、异彩纷呈的茶艺，就是他们的艺术作品。

喝茶，由于各人的经济条件、文化修养和传统习尚的不同，都有各自的一套"茶经"。即便同一个人，由于时间、场合的不同，对茶也有不同的需求、不同的讲究和规矩。这泡好一壶茶的需要，是修养身心的需要，也是表达友谊和亲情的需要。无论晨起向父母请安泡壶茶，还是朋友间聊天冲杯茶，或是工作业务商谈来杯茶，泡茶享用的过程中，交融着技、艺和情。一般说来茶艺追求的是择茶、选水、候汤、配具、冲泡这"五境"之美。广而言之，还可包括品饮时的环境营造和茶侣邀约。

说择茶

　　"茶贵新"。茶的鉴品，首先是择茶。一般说来，应挑选春茶，而且要趁新。在茶叶商店店堂里，或在藏茶的茶筒上，常常可见到"三前摘翠"的题词。"三前"，就是指社前、明前、雨前。标榜"三前"，意指这茶叶采摘适时，不误"三前"佳期，是上品新茶。

　　明前，即指清明前采制的；雨前，是采制于谷雨前的；"社前"，是指春社前的。古时立春后第五个戊日祭祀土神，称为社

日。按干支排列计算，社日在立春后的 41～50 天间，而从立春到清明要隔四个节气，间距 60 天。因此，"社前"比清明要早一个节气光景，一般在春分之际。这种"社前"茶，不可多得。唐时入贡的湖州紫笋茶采制在社前。《苕溪渔隐丛话》曰："唐茶惟湖州紫笋入贡，每岁以清明日贡到，先荐宗庙，然后分赐近臣。"从当时的交通条件看，要赶在清明节以前，把紫笋茶从浙江湖州送到京城长安，采制至少要提前一个节气，亦即在春分时节了。唐诗人李郢《茶山贡焙歌》描述了贡茶递送时的情景："驿路鞭声砉流电，半夜驱夫谁复见；十日皇城路四千，到时须及清明宴。"

还有一种称"火前"。唐释齐己《茶诗》云:"甘传天下口,贵占火前名",是以采制于"火前"的茶为名贵。火前,亦即明前。旧俗清明前一天(一说前二天)禁止生火煮食,只吃冷食,叫作"寒食禁火"。有许多名茶便是以采造于"火前"而显示其高品质。白居易有句:"红纸一封书信后,绿芽十片火前春。"西湖龙井茶以采于"骑火"最好,这是乾隆皇帝在杭州游龙井茶区后说的:"火前嫩,火后老,唯有骑火品最好。"苏东坡也是以能喝到"火前"新茶而快慰,有词云:"寒食后,酒醒却咨嗟。休对故人思故国,且将新火试新茶。"诗人在禁火寒食三天后,对冷茶冷食已受用不了,所以寒食刚过,便迫不及待地"且将新火试新茶"了。

茶新,是择茶的一个标准,但茶叶并非采得越早品质越好。近年间,新茶上市一年比一年提前,在江浙沪春节期间就能见新茶,一是采摘趋前,二是大棚培育。提前尝新,亦是好事,惟仅可尝尝而已。欲品好茶,还是要择采制适度的。其实,茶人都深谙此理。宋代斗茶为求色白胜雪,采摘趋早。宋子安在《东溪试茶录》就说:"先芽者,气味俱不佳,惟过惊蛰采者最为第一。民间常以惊蛰为候。"还是民间最讲实惠,不哗众取宠,讲适时采摘。

"采茶之候,贵在其时"。明代罢造龙团,提倡全叶散茶后,更为强调这一点。孙大绶《茶谱外集》说:"采茶,不必太细,细则芽初露而味欠足,不必太青,青则茶已老而味欠嫩。"程用宾也说:"问茶之胜,贵知采候。太早其神未全,太迟其精复换。前谷雨五日间者为上,后谷雨五日间者次之,再五日者再次之,

中华茶道

又再五日者又再次之。"从现代茶叶化学的角度来说，茶叶品质的高下，主要是由茶多酚的含量和组成决定的。采摘适时的茶叶之所以"贵"，便是茶多酚的含量高，其中又以儿茶素的比例为高。

茶区之间，气候条件有别，采摘须因地制宜。江浙皖赣茶区，名优绿茶大致在清明至谷雨采摘。西湖龙井、黄山毛峰都在清明前开采，碧螺春因芽叶更细嫩，有早在春分开园的，六安瓜片、井冈翠绿则要到谷雨才采。茶区有农谚说："立夏茶，夜夜老，小满过后茶变草"。这也有例外，产于浙江天台山顶的名茶——华顶云雾，"盖出自名山云雾中，宜其多液而全厚也。但山中多寒，萌发较迟"，因而华顶云雾茶须至小满才开采。择新茶就要掌握好不同茶叶的采摘期。

谈选水

　　"茶者水之神，水者茶之体。非真水莫显其神，非精茶曷窥其体。"明人张源在《茶录》中所言，说明茶与水恰如鱼和水一样密切相关。故古今凡论茶之说，都不能不提到水。五代徐铉《和门下殷侍郎新茶二十韵》云："碾后香弥远，烹来色更鲜。名随土地贵，味逐水泉迁。"就是说，末茶烹点之香，功夫在于碾，而茶味之美，在于对水的选择。明人张大复在《梅花草堂笔记》中说得更明确："茶性必发于水，八分之茶，遇十分之水，茶亦十分矣；八分之水，试十分之茶，茶只八分耳。"有人比喻说：名茶得甘泉，犹如人得仙丹，精神顿异。当年苏舜元与蔡襄斗茶的故事，正说明了这一点。那次，蔡君谟出的茶是精品，水选惠山泉。苏舜元的茶不如君谟的好，但他素稔"若不得佳茶，即中而得好水，亦能发香"之理，选用了竹沥水烹点，胜惠山泉一筹，终于斗败蔡襄。这种茶与水的掌握运用之妙，非品茶高手难臻此境。由于水之功属大，历来精于茶艺者还颇多论述水的专著，如唐代张又新的《煎茶水记》，宋代欧阳修的《大明水记》和叶清臣的《述煮茶泉品》，明代有吴旦的《水辨》、田艺蘅的《煮泉小品》和徐献忠的《水品》，清代有汤蠹仙的《泉谱》等。真是"无水不可与论茶也。"

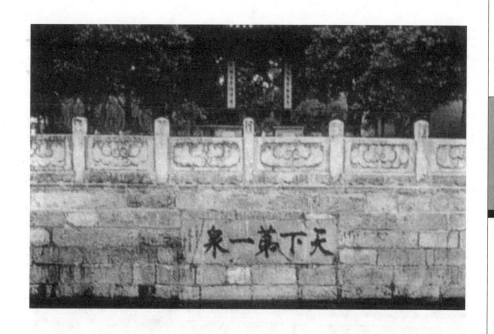

　　煎茶、沏茶以泉水为佳。陆羽《茶经·五之煮》说："其水，用山水上，江水中，井水下。其山水，拣乳泉、石池漫流者上。"他认为用出于乳泉、石池水流不急的水来煎茶，是最理想的。像瀑布般汹涌湍急的水，流蓄在山谷中澄清而不流动的水，应弃之不用。陆羽所说的山水，就是我们现在饮用的矿泉水。从现代科学观念来说，矿泉水不仅洁净无污染，而且富含锂、锶、锌、溴、碘、硒和偏硅酸等其中一种或多种微量元素，因而有助于增加人体对这些有益元素的摄入，并调节人体的酸碱平衡。当然，不同的山泉，其微量元素的成分和矿化物的赋存状态有所不同，其生理功能和实用价值也不完全一样。杭州西湖的名泉虎跑泉，是从难以溶解的石英砂岩中渗透出来的，水质无菌，甘洌醇厚，硬度低而略带甜味，含有微量可溶解的有机氧化物和相当数量的游离二氧化碳。饮后对人体有保健作用，是很有医疗保健价值的矿泉。

　　古人有"品泉"一说，品评泉宜茶之上下。陆羽不仅善别茶，亦擅鉴泉。张又新《煎茶水记》中记了这样一件事：代宗朝，李季卿赴任湖州刺史时，途经扬州，正好陆羽亦在扬州，李邀请羽煮茶共品。先派人操舟去江中汲南零泉水。不久，泉水至，陆羽以勺扬其水，说："这不是南零水，似临岸之江水。"去打水那人急了："我等驾船去江心汲南零水，众人都看到的，哪敢有假。"陆羽不言，将水瓶提起倒入盆里，至半，陆羽突然停住，又以勺扬瓶里剩下的水，说："这才是南零泉水！"此时，那打水人才说出了真相，原来取南零水至岸边时，因船摇荡，瓶水倒掉了一半，便以岸边水充之。在场者无不叹服，誉陆羽为"神鉴"。

　　唐朝曾任刑部侍郎的刘伯刍，做过以不同泉煮茶的比较，认为宜茶之泉有七：扬子江南零水第一，无锡惠山寺石泉第二，苏州虎丘寺石泉第三，丹阳县观音寺水第四，扬州大明寺水第五，吴淞江水第六，淮水最下第七。

陆羽以其所经历处之水，排出高下，共有二十处。依次是：庐山康王谷水帘水第一，无锡惠山寺石泉水第二，蕲州兰溪石下水第三，峡州扇子山下蛤蟆口水第四，苏州虎丘寺石泉水第五，庐山招贤寺下方桥潭水第六，扬子江南零水第七，洪州西山东瀑布水第八，唐州柏岩县淮水源第九，庐州龙池山岭水第十，丹阳县观音寺水第十一，扬州大明寺水第十二，汉江金州上游中零水第十三，归州玉虚洞下香溪水第十四，商州武关西洛水第十五，吴淞江水第十六，天台山西南峰千丈瀑布水第十七，郴州圆泉水第十八，桐庐严陵滩水第十九，雪水第二十。

得好茶不易，得佳泉亦难。嗜茶好泉者为觅佳泉都着实舍得

费一番工夫。唐武宗时居相位的李德裕，嗜惠山泉成癖，烹茶不饮京城的水，而从无锡到长安，途程三千里，派专人从驿道传递惠山泉，谓之"水递"。晚唐诗人皮日休以杨贵妃驿递荔枝的典故作诗讥讽："丞相常思煮茗时，郡侯催发只嫌迟；吴关去国三千里，莫笑杨妃爱荔枝。"李德裕史称贤相，也不免此败行。元代诗人高启，爱茶甚深。他是长洲（今江苏吴县）人，曾寓居浙江绍兴。一次家乡有朋友来访，特地携惠山泉相赠，高启喜作《友之越贶以惠泉》：

汲来晓冷和山雨，饮处春香带间花。

送行一斛还堪赠，往试云门日铸茶。

明诗人李梦阳也有《谢友送惠山泉》诗：

故人何方来，来自锡山谷。

暑行四千里，致我泉一斛。

其实，烹茶之水贵在"活"。宋唐庚在《斗茶记》中就有评议："吾闻茶不问团侉，要之贵新；水不问江井，要之贵活。千里致水，真伪固不可知，就令识真，已非活水。"此话中肯实在。张又新《煎茶水记》在记述陆羽所列 20 处名泉后接着说："夫烹茶于所产地，无不佳也，盖水土之宜。离其地，水功其半。"他认为，当地所产的茶，用当地的水来烹是最佳的。名茶产于名山，名山常有名泉在。名山、名茶、名泉，三合齐美，相得益彰。

我国幅员辽阔，泉水资源十分丰富，就全国而言，可数以万千计，名茶产地一般都能就近找到泉眼，何须"千里致水"。惟取泉水也有讲究"山顶泉清而轻，山下泉清而重，石中泉清而甘，砂中泉清而冽，土中泉淡而白。流动者良于安静，负阴者胜于向阳。山峭者泉寡，山秀者有神。真源无味，真水无香"（陈

继儒《茶话》)。

　　觅不到泉水，洁净的江水、井水、雨水、雪水也可以烹茶。"江水取去人远者，去人远，则流净而水活"。故苏轼《汲江煎茶》有"自临钓石取深清"之句。在没有泉水之地，诗人为得好水烹茶，别施妙策。宋人杨万里评苏轼此举说，苏此句"七字而具五意水清，一也；深处取清者，二也；石下之水，非有泥土，三也；石乃钓石，非寻常之石，四也；东坡自汲，非遣卒奴，五也。"人们若能如苏东坡那样选择汲取江水亦可得烹茶好水。如取井水，"取汲者多者，汲则气通而流活"。取雨水，"秋水为上，梅水次之，秋水白而冽，梅水白而甘，春冬二水，春胜于冬。夏

日暴雨不宜，或因风雷蛟龙所致，最足伤人"。雪水，"为五谷之精，取以煎茶，最为幽况。然新者有土气，稍陈乃佳。"如今环

境污染严重，江井雨雪水一般都不选用。现在泡茶时用得最多的还是自来水。自来水因用氯化物消毒，会使茶叶减少鲜味。如将自来水静置过夜，让氯气自然逸出，再来烧煮冲茶，就比较好了。今还有净化器，对自来水进行二次终端过滤处理，有效地清除水中的余氯和有机杂质，并截留细菌、大肠杆菌等微生物，也是泡茶好水。不同水质泡出来的茶汤，品质是大不一样的。浙江省茶叶公司曾做过试验，同样的西湖龙井、越毛红、温炒青，分别用虎跑泉、雨水、西湖水、自来水、井水冲泡，茶的香气、滋味、汤色高下殊别。以虎跑泉为最佳，井水最差。决定水质优劣的主要因素是水的硬度，即指溶于水里的钙、镁含量高低，水质硬度增高，茶汤浸出液的透过率会降低，而且茶汤泛黄，产生浑浊，

还会使茶的滋味淡薄，香气减低。目前市场上推出的纯净水，不失为泡茶好水。对茶的滋味影响极大的是多酚类物质，据测试，用纯净水煮沸泡茶，能溶出 6.3%，而用硬度为 30 度的水泡茶，只能溶出 4.5%。这就是纯净水具有溶解度大、渗透力强和溶氧性高的缘故。茶叶中的其他物质如氨基酸、咖啡碱等，水的硬度增高，浸出性亦都降低。

　　想要品尝一杯好茶，在选水上是需下点功夫的。

谈候汤

　　"茶之功用，乃恃水之热力"。纵有名茶美水，若"煮之不得宜，虽佳弗佳也。"所以有"茶虽水策勋，火候贵精讨"之说。陆羽《茶经·六之饮》早就说："茶有九难……八曰煮。"蔡襄在《茶录》中也说"候汤最难。"嗜茶者深知个中诀窍，常常喜欢亲自动手候汤烹煮。苏轼云"磨成不敢付僮仆，自看雪汤生玑珠。"在团茶碾磨好了后，候汤之劳总不放心让僮仆去做。黄庭坚有句："刘侯惠我小玄璧，自裁半璧煮琼糜"。范成大《大雪书怀》也云："聊掬玉尘添石鼎，自煮鱼眼破龙团。"都是说，候汤这一环很关键，必得亲自操劳定夺。

　　候汤，是指火候和定汤两个方面。火候，是指煮水的火力；定汤，则是对泡茶用水温度的定夺。苏东坡说"昔时李生好客手自煎，贵从活火发新泉。"煮水时的火力如何也会影响到茶汤的质量。煮水要用活火，就是炭火而有焰的。如今用液化石油气，取"活火"十分方便，呈蓝色火苗即可。昔时用柴或炭烧就难了。其火用炭，"火必以坚木炭为上。然木性未尽，尚有余烟，烟气入汤，汤必无用。故先烧令红，去其烟，兼取性力猛炽，水乃易沸"（许次纾《茶疏》），不让"烟柴头"污染了茶水。同时要"炉火通红，茶铫始上。扇起要轻疾，待汤有声，稍稍重疾，斯文武之火候也"（张源《茶录》）。水须以武火煮沸，不可用文火炖熟，扇法的轻重徐疾，亦得有板有眼。因为"过于文则水性柔，柔则水为茶降；过于武则火性烈，烈则茶为水制。皆不足于中和，非茶家要旨也。"

定汤，是泡茶中殊为重要的一着。"茶之殿最，待汤建勋"，一杯茶的好坏优劣，最后决定于此。清诗人袁枚，是一位有丰富经验的烹饪学家，对饮茶也十分精通。他在《随园食单·茶酒

单》中，详细叙述了定汤之术，他说："烹时用武火，用穿心罐一滚便泡，滚久则水味变矣，停滚再泡则叶浮矣。一泡便饮，用盖掩之则味又变矣。此中消息，间不容发也。"即是说，定汤一举，须精心掌握，此间不容有一丝一发的差距。他还说了这样一件事。一天，裴中丞过随园，袁枚亲自煮水定汤，招待他品茶。第二天裴逢人便说"我昨天过随园，才真正吃倒了一杯好茶。"

其实，并非士大夫们没有好茶好水，而是他们烹煮和冲泡不得其法。

烹茶的水温，得依据茶而定。唐时煮茶，以第二沸时投末茶；宋代点茶，以背二涉三之际冲点末茶，总的说，唐宋时"汤取嫩而不取老。"明代以后冲泡全芽叶条茶，水温就要提高一些。明人张源在《茶录》中说："蔡君谟汤用嫩而不用老，盖因古人制茶造则必碾，碾则必磨，磨则必罗，则茶为飘尘飞粉矣。于是和剂印作龙凤团，则见汤而茶神便浮，此用嫩而不用老也。今时制茶，不假罗磨，全具元体，此汤须纯熟，元神始发也。故曰汤须五沸，茶奏三奇。"张源还把辨别水温即水至纯熟的方法归纳为"三大辨十五小辨。"所谓"三大辨"，就是水在煮沸过程中依据水面形象变化来辨别水温的"形辨"；依据水在沸腾时发出的声响来辨别水温的"声辨"；依据水沸腾时从壶嘴中冒出的水气形状来辨别水温的"气辨"。形辨、声辨、气辨又各有五个不同形态："如虾眼、蟹眼、鱼眼连珠，皆为萌汤，直至涌沸如腾波鼓浪，水汽全消，方是纯熟；如初声、转声、振声、骤声，皆为萌汤，直至无声，方是纯熟；如气浮一缕、二缕、三缕、四缕，及缕乱不分，氤氲乱绕，皆为萌汤，直至气直冲贯，方是纯熟。"

茶叶科技部门的实验证明：泡茶用水的温度，对茶汤的滋味、香气和内含物的浸出，关系很大。同样用 3 克茶叶，加 150 毫升水冲泡，都是浸泡 5 分钟，由于水温不同，茶汤中溶解的咖啡碱、多酚类、氨基酸等都有很大差别。茶叶在沸滚水和摄氏 60 多度开水中的溶解量几乎相差一倍。内含物不能充分溶解，滋味香气当然就差了。

如今茶类丰富，名茶众多，泡茶仍然要依据茶的不同来定汤。

一般是冲泡摘细采嫩的绿茶如龙井、碧螺春等，温度要适当低一些，以85度左右为宜，相当于古人所说的一沸至二沸；冲泡乌龙茶，用100度开水，即五沸纯熟的水，而且冲泡前要温壶，冲泡后要淋壶，以保持壶内高温；冲泡红茶、花茶，也用五沸纯熟水，不需温壶、淋壶。

说配具

　　"茶滋于水，水藉乎器，汤成于火。四者相须，缺一则废。"（许次纾《茶疏》），茶、水、火、具，是冲泡一杯好茶不可或缺的，唯有这四者俱佳，才有茶汤的色、香、味、形的俱佳。考究历代爱茶者，他们都把茶具的选择搭配，放在与选茶、择水、候火同等的位置。诗人们在咏茶时亦总把茶和茶具并提。唐徐寅的"金糟和碾沉香末，冰碗轻涵翠楼烟"，范仲淹的"黄金碾畔玉尘飞，碧玉瓯中素涛起"，苏东坡的"潞公煎茶学西蜀，定州花瓷琢玉红"，莫不如此。

　　茶具，随着烹饮方式的变化，总的说是由繁趋简，越来越单纯。唐代煮饮团饼茶，有团饼茶炙、碾、罗的器具，有煮茶、调茶的用具，有茶汤盛饮的器具等；宋代煮水不煮茶，直接冲点，茶具比唐代略有减少；明代后用撮泡法，省去炙、碾、罗等器具，茶具大大简化，主要是壶和杯盏而已。茶壶、茶盏历来推崇瓷质，黄金白银在此，铜锡生铁不入用。明代以后，紫砂具列为贡品，紫砂茶壶越来越受人喜爱。

　　我国瓷器肇始于汉。在浙江省上虞市出土过一批我国东汉时期的瓷器，经北京故宫博物院、上海博物馆和浙江考古研究所鉴定，并经中国科学院上海硅酸盐研究所理化性能的测定，证实这

是迄今世界上最早的瓷器。古窑址在上虞市西南的上浦乡石浦村小仙坛。这说明我国瓷器生产已有近 2000 年历史了。不过汉代的瓷只是上釉的陶器，高火度的瓷器实成功于唐，以浙江余姚上林湖的越窑、湖南常德等地的鼎窑、湖南湘阴的岳州窑、洞庭湖沿岸的岳州窑、河南禹县的钧窑、河北曲阳的定窑、河北内丘等的邢窑为著名。唐诗人韩偓的《横塘》诗有"蜀纸麝煤添笔兴，越瓯犀液发茶香"之句。纸墨佳可添笔兴，茶具精能助茶香。诗人用"犀液"（即初放的桂花，经过咸卤腌制）点茶，置于越窑所产的青瓷茶碗中，茶香得以透发，茶色清芬可爱，煞是惬意。

对唐代各窑所产茶碗，陆羽在《茶经》作了详细的述评，他说："越州上，鼎州次，婺州次，岳州次，寿州、洪州次。"陆羽独爱浙江越窑产的青釉茶碗。当时河北邢窑所产的白釉瓷很著名。李肇《唐国史补》说："邢白瓷器……天下无贵贱通用之。"有人说，河北邢窑的白瓷胜于越窑青瓷。陆羽大不以为然，他说："若邢瓷类银，越瓷类玉，邢不如越也；若邢瓷类雪，则越瓷类冰，邢不如越二也；邢瓷白而茶色丹，越瓷青而茶色绿，邢不如越三也。"类冰似玉的越瓷茶碗，有助于衬益茶汤的色泽。当时饼茶的茶汤"作白红之色"，即是淡红色的。陆羽对各种釉色茶碗盛茶汤后的色泽变化作了比较：越州瓷、岳州瓷皆青，青则益茶。邢州瓷白，茶色红；寿州瓷黄，茶色紫；洪州瓷褐，茶色黑，悉不宜茶。陆羽选择茶具，是从使茶的汤色与茶碗颜色相衬益出发，有着很强的审美意识。他这一鉴赏茶具的观念，也为后来历代茶家所继承。陆龟蒙有诗云："九秋风露越窑开，夺得千峰翠色来"，也是从艺术鉴赏角度着眼的。

宋时茶具趋向小型，改碗为盏，也叫盅。盏盅是一种小型的

碗，敞口小足。为递送方便，也有外加一个托碟的。据考古发现，托碟在东晋时就有，唐时已用得比较多，宋时因改用茶盏，更需托碟，流行更加普遍。宋时盛行斗茶、分茶，茶以"纯白为上真"，茶盏采用黑釉的。蔡襄《茶录》说："茶色白，宜黑盏"。当时斗茶者以茶面泡沫鲜白，着盏无水痕，又能耐久为胜。为了便于观察茶面上白沫，选用黑釉茶盏，以黑盏来衬托乳花白沫，形成黑白二色对比，夺目可赏，最为适宜。

　　宋代黑釉盏中以建窑所产兔毫盏最为珍贵。建窑位于福建建阳的水吉镇，主要烧制宫廷御用茶盏。其他如四川广元窑、江西永和窑、陕西耀州窑也有烧制，品质也不差。兔毫盏，釉面以茶褐、黑色交杂，形细如毫。然而，釉料的调制往往无法控制釉面兔毫的形成，有时会因釉点下垂，出现周围乳浊或油滴状大小不等的银灰色斑点，这就是油滴盏，它的油滴结晶状是偶然天成。有时还会因釉料在烧制过程中未熔融的部分形成褐色斑点，形似鹧鸪羽毛般，这便是鹧鸪斑茶盏。日本茶人称宋代黑釉茶盏为"天目碗"，并非这些茶碗产于天目，而都同是建窑所烧制，只是因日本僧人是从天目山等两浙佛寺中带回日本的，故有此名。另外，从现存宋代茶具实物和茶事诗文看，也有大量青瓷、白瓷茶碗，表明当时也被广泛采用，特别是条形散茶（亦称草茶）的冲点，更为适用。

明代流行的茶具，以"纯白为佳，兼贵于小"，以宣窑所产的白釉小盏最为著名。明时的茶叶制法，从蒸青团茶、蒸青散茶，到炒青散茶，采取全叶撮泡。炒青茶颜色青翠依旧，茶汤澄碧如鲜，所以茶盏的衬益与唐宋不同，不再以青瓷为贵，亦不宜用黑釉茶盏，而是"盏以雪白者为上"。纯白的茶盏作底色，使茶叶茶汤更现原色宝光，衬益之美显然。明张源《茶录》说："茶以青翠为胜，涛以蓝白为佳……玉茗冰涛，当杯绝技。"

陆羽爱青瓷，蔡襄贵黑盏，张源却以盏白为上。他们各人的喜好不一，但从茶具颜色与茶汤颜色两相衬益，发茶香、助茶色而言，他们的审美出发点又是一致的。品茶作为一种生活艺术，配置茶具，是需要有点艺术素养的。

紫砂茶具在明代异军突起，深得茶家珍爱。虽早在宋代已有紫砂茶具，但那时流行末茶冲点，紫砂具还未被采用，或者只用来提水。在冲泡散茶时或已有采用的，但毕竟还不普遍。到了明代，茶人们对紫砂茶具已赞赏备至。明人周高起在《阳羡名壶系》里说："荆南土俗雅尚陶，茗壶奔走天下半"。清时，"惟壶则宜兴茶壶精美绝伦，四方皆争购之"，一时间成为喝茶、品茶不可缺少的名贵之物。这寸柄之壶，盈握之杯，竟被人珍同拱璧，贵如珠玉。

紫砂茶具中最突出的是壶。紫砂壶的原料是宜兴与长兴所独有的宝藏紫砂泥土。这种深藏于岩层之下、镶嵌于泥坯之中的"泥中泥"，性能殊绝，加上精湛的工艺技术，更充分地发挥了原料的特性。紫砂壶里外不施釉，在十分致密的砂土中间，有肉眼看不到的气孔，既不渗漏又有良好的透气性。紫砂壶冷热急变性能好，寒天腊月，急注沸水，不会爆裂，传热缓慢，茶不易凉，也不炙手。而且使用年代越久，壶身越发晶莹光润。最为难得的是用紫砂壶沏茶，既不夺香味，又无熟汤气，聚香含淑，香不涣散。

紫砂壶以小为贵。《阳羡名陶录》记："壶供真茶，正如新泉活火，旋沦旋啜，以尽色、香、味之蕴。故壶宜小不宜大，宜浅不宜深，壶盖宜盎不宜砥。汤力香茗，俾得团结氤氲。"历来茶家都认为，"茶性狭，壶过大，则香不聚。"独自斟酌，愈小愈佳。邀客品饮，最好每客一壶，任其自斟自饮，方为得趣。紫砂壶的壶身，根据不同茶叶的冲泡要求，一般设计有高矮两种。高型的茶壶多为小口，适合泡红茶，因红茶适宜焖泡，可使茶色酽而味香浓；矮型的茶壶多为大口，适合沏绿茶，因绿茶不经发酵，宜冲沏经不住焖泡，以葆茶色碧绿而味清醇。紫砂壶的设计制作，重茶理，讲造型，理趣共存。

紫砂壶不仅有良好的实用功能，而且以俗入雅，以平出奇，且有很高的审美价值。紫砂壶"方非一式，圆不一相"，千姿百态，造型精美。仿殷罍、商彝、周鼎古器的，庄重挺括，古朴浑厚；摹瓜果、花木、动物的，栩栩如生，生意盎然；状实用器物的如僧帽、笠笪、纽扣等，件件惟妙维肖，真假难辨；巧变各种几何图形的，或圆或方，或棱或扁，样样规方圆润，线条流畅。紫砂壶的色彩，"妙色天错，烂若披锦"，紫而不姹，红而不嫣，绿而不嫩，黄而不娇，灰而不暗，黑而不墨，朴素、雅致、耐看。叫人"骤看之而心惊，潜玩之而味永"，爱不释手。难怪古来人们对那些名手所制紫砂壶，贵重如珩璜，珍重比琉璃，觅得一壶，

赛过无价之宝。

　　茶具的选择配置，总的原则是与茶相宜，还要有所创新。台湾在乌龙茶泡饮中增设一只闻香杯，让品饮者不仅能更好地闻到轻发酵乌龙茶独特的香气，又增添了品茶时的情趣，是很有创见的。还有台湾紫藤庐茶艺馆馆主周渝，采用宋代黑釉茶盏来冲泡龙井茶，既为龙井茶品饮别开生面，又为黑釉盏再续茶缘。周渝说："黑釉茶盏能呈现水的澄澈宁静，也可衬出茶芽的青翠鲜绿，由于碗小胎厚，滚水冲出茶香后，水温即快速下降，保持了茶芽的鲜嫩。"达到宋黑盏、龙井、心境三合为一，不失为一种创举。

说冲泡品饮

茶、水、火、具，四者齐备，是否一碗好茶就可到手？且慢，这叫"万事俱备，只欠东风"，这"东风"便是冲泡的工夫。杨万里《澹庵坐上观显上人分茶》诗中有两句"汉鼎难调要公理，策勋茗碗非公事"。治理天下，调度政务，要秉承公理；茗碗之事，虽非公干，若要成就，同样有理有序。历来茶人多有经验之谈，略加归纳，大致如下：

洁壶、洁盏

"水火已备，旋涤茶具，令必洁必净矣。汤将沸，先以热水少许荡壶，令壶热。盖可置瓯内，或仰置几上，覆案上恐侵漆气食气也。"（刘原长《茶史》）"汤铫瓯注，最宜燥结。每日晨兴，必以沸汤荡涤，用极熟黄麻巾帨向内拭干，以竹编架，覆而庋之燥处，烹时随意取用。修事既毕，汤铫拭去余沥，仍覆原处。每注茶甫尽，随以竹箸尽去残叶，以需次用。瓯中残渣，必倾去之，以俟再斟。如或存之，夺香败味。人必一杯，毋劳传递。再巡之后，清水涤之为佳。"（许次纾《茶疏》）

"伺汤纯熟，注杯许于壶中，名曰浴壶，以祛寒冷宿气也。倾去，交茶。用拭具布乘热拂拭，则壶垢易遁，而瓷质渐蜕。饮讫，以清水微荡，覆净再拭藏之。令常洁冽，不染风尘。

"饮茶先后，皆以清泉涤盏，以拭具布拂净。不夺茶香，不损茶色，不失茶味，而元神自旺。"（程用宾《茶录》）

茶最易沾染异味，因此，洁净是泡茶必须遵行的前提。泡茶这第一步万勿轻慢。

投茶

"投茶有序，毋失其宜。先茶后汤曰下投；汤半下茶，复以汤满，曰中投；先汤后茶曰上投。春秋中投，夏上投，冬下投。

"茶多寡宜酌，不可过中失正。茶重则味苦香沉，水胜则色清气寡。"（程用宾《茶录》）

投茶先后，一要考虑到季节变化，二要顾及到茶的细嫩程度，应时、应茶制宜。投茶量的多少，当然还得按照个人饮茶浓淡的习惯。

洗茶

"凡烹茶，先以热汤洗茶叶，去其尘垢冷气，烹之则美。"

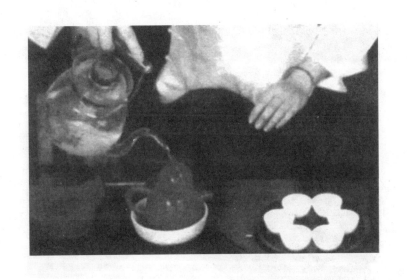

（钱椿年《茶谱》）

"茶洗以银为主，制如碗式而底穿数孔，用洗茶叶。凡沙垢皆从孔中流出。亦烹试家不可缺者。"（张谦德《茶经》）

"岕茶摘自山麓，山多浮沙，随雨辄下，即着于叶中。烹时不洗去沙土，最能败茶。必先盥手令洁，次用半沸水，扇扬稍和，洗之。水不沸，则水气不尽，反能败茶，毋得过劳以损其力。沙土既去，急于手中挤令极干，另以深口瓷合贮之，抖散待用。洗必躬亲，非可摄代。凡汤之冷热，茶之燥湿，缓急之节，顿置之宜，以意消息，他人未必解事。"（许次纾《茶疏》）

"岕茶用热汤洗过挤干，沸汤烹点，缘其气厚。不洗则味色过浓，香亦不发耳。自采名茶，俱不必洗。"（罗廪《茶解》）

"先以上品泉水涤烹器，务鲜务洁。次以热水涤茶叶，水不可太滚，滚则一涤无余味矣。以竹箸夹茶于涤器中，反复涤荡，去尘土、黄叶、老梗净，以手搦干，置涤器内盖定，少刻开视，色青香烈，急取沸水泼之，夏则先贮水而后入茶，冬则先贮茶而

后入水。"（冯可宾《芥茶笺》）许次纾、罗廪都是讲芥茶（明时产于浙江长兴罗嶰一带的名茶）冲泡时，要洗茶，余则不必洗。

钱椿年主张"凡烹茶，先以热汤洗茶叶"，张谦德还设计出一种洗茶的专用工具。如今，乌龙茶在冲泡时一般都经洗茶，余则不多见。其实，如不嫌麻烦，不妨洗一洗，只是洗时一定要用热水，而不要用沸水。因沸水洗茶会散逸和流失茶的香气滋味，殊为可惜。目前乌龙茶冲泡中往往不注意这一点，是未领悟其中之理。

"先握茶手中，俟汤既入壶，随手投茶，以盖覆定。三呼吸时，次满倾盂内，重投壶内，用以动荡香韵，兼色不沉滞，更三呼吸顷，以定其浮薄。然后泻以供客。则乳嫩清滑，馥郁鼻端。病可令起，疲可令爽，吟坛发其逸想，谈席涤其玄衿。"（许次纾《茶疏》）

"赶汤沸始止之候，先注壶与瓯，将汤倾出，消其冷气，始以茶纳壶中，乃以汤注壶内，复以汤浇壶外，使热气内蕴而不散。于是提壶注茶于瓯，则真茶之色香味溢于瓯中，唯壶内之茶须斟竭勿留，乃能再泡，至三过汤，则茶之元味尽矣。故壶宜小不宜大也。若汤留壶内，则浸出茶胶，味涩不宜供饮。"（王象晋《茶谱》）

许次纾所说，是两次冲泡法。第一次是以少许汤入壶，随手投茶，也可以是先投茶，再冲少许汤，此为温润泡；第二次是满

冲，而且要"重投壶内"，即要高冲，增强水的冲击力，"以动荡香韵，兼色不沉滞"。

此即为泡茶的要诀"高冲低斟"。沸水入壶时，水柱要升高，而壶内茶斟到杯里时，水柱要降低。时下，在茶艺馆所见则往往相反，该高冲时，由于技法所限而手提不高，应低斟时，却把水柱拉得很高。殊不知已沏泡成的茶汤，在"高斟"时会白白地把

香气散逸掉。

王象晋所述点茗法，与如今乌龙茶泡法相同。

其特点：

一是投茶前先温壶；

二是注水后要淋壶；

三是斟茶须尽勿剩留。

酾啜

"协交中和，分酾布饮。酾不当早，啜不宜迟。酾早元神未逞，啜迟妙馥先消。"（程用宾《茶录》）

有经验的茶艺师，一壶茶如冲点三次，三次的茶汤浓淡和汤色深浅，能基本保持一致，其中的奥妙就在于掌握好茶与水相交的时间，诚如清人程作舟在《茶社便览》中所说的"茶与汤和，无过不及，发其真香。"

"啜不宜迟"，喝茶的人都会有切身体会。鲁迅在《喝茶》中就说过"喝好茶，是要用盖碗的，于是用盖碗。果然，泡了之后，色清而味甘，微香而小苦，确是好茶叶。但这是须在静坐无为的时候，当我正写着《吃教》的中途，拉来一喝，那味道竟又不知不觉地滑过去，像喝着粗茶一样了。"

品真

有新茶、活水，用活火烹就，茶具相宜，冲泡得法，可谓"五境"之美全矣。然而，"煮茶得宜，而饮非其人，犹汲乳泉以灌蒿莸，罪莫大焉。饮之者一吸而尽，不暇辨味，俗莫甚焉。"田艺衡在《煮泉小品》中说的这段话是有道理的。当饮茶上升到生活艺术的境界时，确乎需要以鉴赏的态度来细品慢啜。

茶之妙有三：色、香、味，要品得其真，需有讲究；再得天、地、人之宜，才臻完美。

　　茶自有真香，有真色，有真味。品茶要的就是这个"真"。一般说来，品真包括触、色、香、味、韵五项。触，干茶上手，先触摸掂量。西湖龙井扁平光滑，形似莲心雀舌；铁观音则茶条卷曲，壮重结实；滇红工夫条索紧秀，茸毫显露。干洁鲜光，奇态各异的干茶，亦堪赏鉴玩味。色，茶汤随叶，如绿茶"色如蕉盛新露，始终惟一，虽久不渝，是为嘉耳"。还有艳如胭脂的红茶，金黄鲜亮的乌龙茶等。多彩绮丽的茶汤，美不胜收。香，茶有真香，须细细闻辨，"抖擞精神，病魔敛迹，曰真香；清馥逼人，沁人肌髓，曰奇香；不生不熟，闻者不置，曰新香；恬澹自

得，无臭可伦，曰清香。"味，茶味主于甘润，淡清为常味，苦涩味斯下。有人则称龙井茶"无味之味至味也。"韵，所谓回甘余韵，"甘津潮舌"，舌下生津。韵之极，即整体生命之脉动、交

响。然要得茶之"真"，除了鲁迅先生说的需要"练出来的特别感觉"之外，在喝茶时还须注意以下几点：

品茶前，先灌漱。茶之香气、滋味原本清淡，口有荤腥膻气，易被掩没。灌漱口腔，不杂异味，更不要食涩、辣、酸味，以免败口。

如今茶艺馆在茶客落座后，先奉上一杯迎客茶，再点茶、喝茶。这迎客茶可起到灌漱之意，但如若把迎客茶易为矿泉水，恐更为合适。

茶入口，须徐啜。茶味须徐徐啜呷而体会之，轻轻呷吸一口茶汤，并用舌尖让茶汤边呷啜边打转，使茶汤充分与舌乳头、腭、咽等处的味蕾接触，以细细体味茶的浓淡、强弱、甘醇、苦涩、活性、收缩性等不同感受，"俟甘津潮舌，方得真味。"若一饮而尽，连进数杯，全不辨味，谈何品尝。

配茶食，精选择。饮茶适当配以点心、果品佐茶，古已有之。清茹敦和《赵言释》记："古者茶必有点……必择一二佳果点之，谓之点茶。点茶者，必于茶器正中处，故又谓之点心"。然而，"食饮相须，不可偏废，甘浓杂陈，又谁能鉴赏也？"（许次纾《茶疏》）。茶食过多，失之杂与忙，至少重心不在茶上了，茶的清香甘醇、闲情余韵受损。钱椿年在《茶谱》中有"择果"一节，值得借鉴："茶有真香，有佳味，有正色。烹点之际不宜以珍果香草杂之。夺其味者，松子、柑橙、杏仁、莲心、木香、梅花、茉莉、蔷薇、木樨之类是也。夺其味者，牛乳、番桃、荔枝、圆眼、水梨、枇杷之类是也。凡饮佳茶，去果方觉清绝，杂之则无辨矣。若必曰所宜，核桃、榛子、瓜仁、枣仁、菱米、榄仁、栗子、鸡头、银杏、山药、笋干、芝麻、莒蒿、莴巨、芹菜之类，精制或可用也。"上等名茶，切记以清饮为宜，不然反因小失大。

饮时

品茶需有闲情，最好是静坐无为的时候。"山堂夜坐，手烹香茗，至水火相战，俨听松涛，倾泻入瓯，云光缥缈，一段幽趣，故难与俗人言。"这是罗廪在《茶解》中的描述。山中静夜，身心闲适，亲手把持，潜心品饮。既从味觉、嗅觉上得茶的清香甘醇；又从听觉、视觉上获"水火相战"之声、"云光缥缈"之景。此中之惬意，真只可体悟而难与人言。

许次纾《茶疏》有"饮时"一节，列举了许多宜饮之时：心手闲适，披咏疲倦，意绪纷乱，歌罢曲终，闭门避事，鼓琴看画，夜深共语，宾主款狎，访友初归，风日净和，轻阴微雨，酒阑人散，等等。而作字，观剧，发书柬，大雨雪，长筵大席，翻阅卷帙，人事忙迫，则是宜辍不宜饮之时。"冠裳苛礼"也不宜品茶，冯可宾在《岕茶笺》中所说极是。有人谓茶到随意方才妙。日常品茶应是不拘礼节最为放松之时。

茶境

"阴室、厨房、市喧、酷热斋舍"，以及"荤有杂陈、壁间案头多恶处"，显然是不宜饮茶品茶的。因此，饮茶也该有环境空间的选择。

喝茶的空间大体有这样几类：自然风景地，茶山茶园，茶馆茶楼和家居茶座。

大自然中适宜喝茶品饮的空间很多，如小桥画舫、茂林修竹、避暑荷亭、名泉怪石等。许次纾在《茶疏》中把"清风明月、竹床石枕、名花琪树"当作茶的"良友"。自然山川之美，最能开

启人的心扉，到山水泉石中，一杯在手，念天地悠悠，祛襟涤带，意趣充沛。

茶山茶园当是喝茶的好地方。高山出名茶，名茶产地不但山景美，还伴有名泉、名寺。西湖龙井茶产地，有虎跑泉和龙井泉，"采取龙井茶，还烹龙井水。一杯入口宿醒解，耳畔飒飒来松风"，真是茶品水品两足佳。其他如黄山毛峰产地黄山，君山银针产地湖南岳阳君山，碧螺春产地江苏吴县洞庭东、西两山，蒙顶茶产地四川蒙山，普洱茶产地云南西双版纳等，无一不是品茶赏景的佳地。这里的茶室虽则简陋，茶农家里更是朴实无华，却具山野乡趣，更宜品尝茶味。

茶馆茶楼是专门喝茶之所，近几年间都市茶艺馆兴起，并逐步形成了自己的个性，有以自然见长的，有以"老字号"取胜的，有以"怀旧"吸引人的，有以继承传统文化立根的，有以追求时尚出新的，也有向市俗化、大众化回归的。喝茶者尽可按自己的喜好选择。

家居茶座，有条件者专辟一茶寮，这古已有之。"构一斗，相傍书斋，内设茶具，教一童子专主茶设，以供长日清谈，寒宵兀坐。"这是屠隆《茶说》所言。无条件构茶寮者，在客厅书斋或设一几两椅对饮，或置一小桌围坐共饮，也足矣。再或把餐桌拭抹干净，清除异味，摆开茶具，同样美好。家有庭园者，春花、秋月和夏日避暑时，均宜喝茶品茗。

茶侣

"煎茶非漫浪，要须其人与茶品相得。故其法每传于高流隐逸，有云霞泉石、磊块胸次间者。"这是明徐渭在《煎茶七类》中说的。

古来茶人都很看重人品茶德。陆羽就说："茶之为用，味至寒，为饮，最宜精行俭德之人。"喝茶品茗应是人与茶相宜，人与人相和，这才有雅趣。

饮茶以客少为贵，有道是"独啜曰神，二客曰胜，三四曰趣，五六曰泛，七八曰施。"卢仝是喜欢独啜的，因而在《茶歌》中唱出："柴门反关无俗客，纱帽笼头自煎吃。"

黄庭坚夜晚酒后归来，独自碾茶煮水，烹点品饮，有词云："味浓香永。醉香路，成佳境。恰如灯下，故人万里，归来对影。口不能言，心下快活自省。"

知堂老人周作人认为喝茶最好是二三人，他说："喝茶当于瓦屋纸窗下，清泉绿茶，用素雅的陶瓷茶具，同二三人共饮，得半日之闲，可抵十年的尘梦。"

第十八章
名茶冲泡技艺点拨

龙井茶的冲泡法

龙井，既是茶的名称，又是茶种名、地名、寺名、井名，可谓"五名合一"。"龙井茶，虎跑水"被称为杭州双绝。"小杯啜乌龙，虎跑品龙井"，可以说是我国茶人崇尚洒脱自然、清饮雅赏品茶艺术的两种代表性方法。

西湖龙井茶的冲泡一般分备具、赏干茶、品泉、浸润泡、再冲泡、品茶等几个步骤：

1. 备具

将水盂放在桌的左侧

2. 赏茶

　　双手取贮茶罐，右手打开罐盖。

3. 品泉

　　将储水壶中的泉水注入品泉杯后，移至桌右角。

4. 净具

洁净茶具，也起到温杯的作用。

5. 置茶

用茶匙从贮茶罐中取茶，在玻璃杯内依次放入2.5克左右的茶叶。

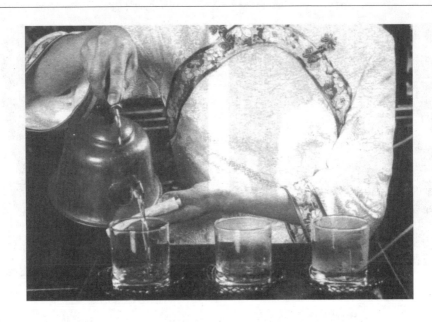

6. 浸润泡

　　①冲入适量水，以浸没茶叶。

　　②双手按递时针方向轻转茶杯三圈，浸润茶叶。使茶叶舒展，透发茶香。

7. 凤凰三点头

水壶倾提上下反复三次。连绵的水流使茶叶在杯中上下翻腾。以使茶汤均匀，又恰似向来宾三鞠躬，表示对来宾的尊敬和友好。

8. 品饮

闻香、观察汤色、品饮。

1. 备具：

准备器具。

2. 赏干茶：

西湖龙井茶素以"色绿、香郁、味甘、形美"四绝著称于世。按产地不同有"狮""龙""云""虎""梅"之别，品质历来以狮峰最佳。龙井干茶的外形扁平光滑，状似莲心、雀舌，色泽嫩绿油润。闻一闻干茶，带有一种淡雅的清香。

3. 品泉：

西湖泉水众多，有玉泉、龙井泉、虎跑泉和狮峰泉等，水质以虎跑最优。这种泉水含有较多的二氧化碳和对人体有益的营养元素，水色清澈明亮，滋味甘洌醇厚。虎跑泉还有一个很大特点，就是水的密度高，表面张力大，泉水高出杯沿 2 ~ 3 毫米而不外溢。

4. 浸润泡：

龙井茶的冲泡，一般选用无色透明、晶莹剔透的玻璃杯，或青花白瓷茶盏。每杯撮上 3 克茶，加水至茶杯或茶碗的 1/5 ~ 1/4 浸润半分钟。水温则掌握在 80℃ 左右，让茶叶吸收温热和水湿，以助舒张。水温过高，嫩芽叶会产生泡熟味；水温太低，则香气、滋味透发不出来。

5. 再冲泡：

提壶高冲，以凤凰三点头的手法表示对客人的三鞠躬，茶与水的比例掌握在 1: 50，水仍在 80℃ 左右。

6. 品茶：

品龙井茶，无疑是一种美的享受。品饮时，先应慢慢端起清澈明亮的杯子，细看杯中翠叶，观察多变的叶姿。尔后，将杯送入鼻端，深深地嗅一下龙井茶的嫩香，使人舒心清神。看罢、闻罢，然后缓缓品味，清香、甘醇、鲜爽应运而生。此情此景，正如清人许次纾所说："龙井茶真者，甘香如兰，幽而不洌，啜之淡然，似乎无味。饮过之后，觉有一种太和之气，弥沦齿颊之间，此无味之味，乃至味也。"这就是品龙井茶的动人写照。

名优绿茶冲泡法

绿茶是中国产茶区域出产最广泛的茶类，全国各产茶省均有生产。正因如此，在中国，东南西北中，无论是城镇，还是乡村，饮用最为普遍。大凡高档细嫩名优绿茶，一般选用玻璃杯或白瓷杯饮茶，而且无须用盖，这样一则便于人们赏茶观姿；二则防嫩茶泡熟，失去鲜嫩色泽和清鲜滋味。至于普通绿茶，因不注重欣赏茶的外形和汤色，而在于品尝滋味，或佐食，也可选用茶壶泡茶，这叫作"嫩茶杯泡，老茶壶泡"。

泡饮之前，先欣赏干茶的色、香、形。名茶的造型或条、或扁、或螺、或针……名茶的色泽或碧绿、或深绿、或黄绿……名茶香气或奶油香、或板栗香、或清香……充分领略各种名茶的天然风韵，称为"赏茶"。

采用透明玻璃杯泡饮细嫩名茶，便于观察茶在水中的缓慢舒展、游动、变幻的过程，称为"茶舞"。然后，视茶叶的嫩度及茶条的松紧程度，分别采用"上投法""下投法"。"上投法"即先冲水后投茶，适用于特别细嫩的茶，如碧螺春、蒙顶甘露、径山茶、庐山云雾、涌溪火青等等。先将摄氏75～85度的沸水冲入杯中，然后取茶投入，茶叶便会徐徐下沉。"下投法"即先投茶后注水，适合于茶条松展的茶，如六安瓜片、太平猴魁等。在冲

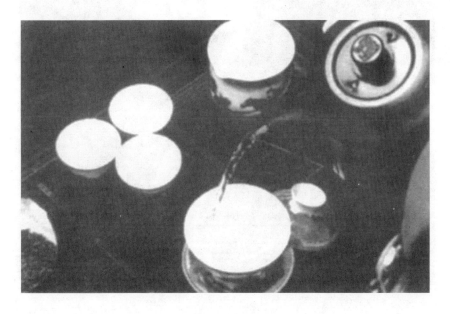

1. 净具

2. 置茶

3. 浸润泡

4. 注水

5. 刮沫

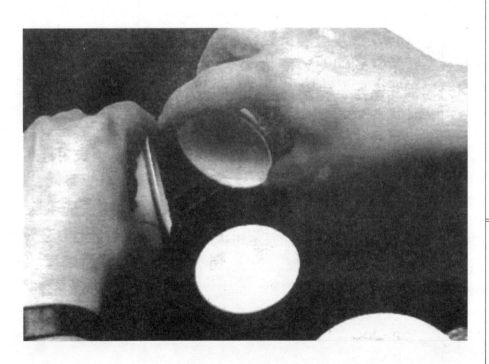

6. 洗杯

7. 分茶

泡茶的过程中，品饮者可以看茶的展姿，茶汤的变化，茶烟的弥散，以及最终茶与汤的成像，汤面水气夹着茶香缕缕上升，如云蒸霞蔚，趁热嗅闻茶香，令人心旷神怡……

品尝茶汤滋味，宜小口品啜，让茶汤与舌头味蕾充分接触，此时舌与鼻并用，边品味边品香，顿觉沁人心脾。此谓头泡茶，着重品尝茶的鲜味和香气，饮至杯中茶汤尚余三分之一水量时，再续加水，谓之二泡茶，此时茶味正浓，饮后齿颊留香，身心愉悦。至三泡，茶味已淡。

乌龙茶的冲泡法

乌龙茶，即青茶，属半发酵茶类，是介于绿茶和红茶之间的一类茶叶。按产区可分为闽北乌龙、闽南乌龙、广东乌龙和台湾乌龙。乌龙茶的特点是"绿叶红镶边"，滋味醇厚回甘，既没有绿茶之苦涩，又没有红茶的浓烈，却兼取绿茶之清香，红茶的甘醇。品饮乌龙茶有"喉韵"之特殊感受，武夷岩茶有"岩韵"，安溪铁观音有"音韵"。人们常说的"功夫茶"并非茶之种类，而是指一种品茗的方法，其"功夫"意在讲究"水为友，火为师"。

品尝乌龙茶讲究环境、心境、茶具、冲泡技巧和品尝艺术。

福建泡法

福建是乌龙茶的故乡，花色品种丰富，主要有武夷岩茶、铁观音、水仙、肉桂、包种、黄金桂等。品尝乌龙茶有一套独特的茶具，讲究冲泡法，故被人称为"工夫茶"。如果细分起来可有近20道流程，主要有倾茶入则、鉴赏侍茗、孟臣淋霖、乌龙入宫、悬壶高冲、推泡抽眉、春风拂面、重洗仙颜、若琛出浴、玉液回壶、游山玩水、关公巡城、韩信点兵、三龙护鼎、细品佳茗等。

1. 备具

2. 净器 ①注水入壶。

②将茶壶内的水倒入茶海之中。

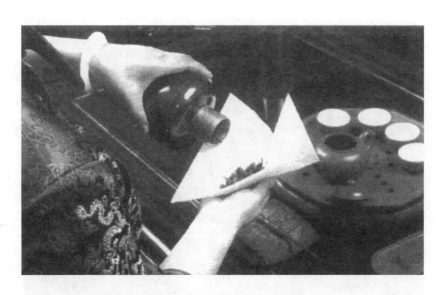

3. 投茶

　　将罐中茶叶置入纸茶荷中。

4. 冲泡

手提水壶采用回转低斟高冲法，悬壶高冲。

5. 刮沫

按顺时针方向刮沫。

6. 淋壶

用回转手法斟水于壶外壁，至壶嘴水流外溢止，以提高壶温。

7. 关公巡城

将茶汤轮流注入品茗杯中，每杯先注一半，再来回倾入，渐至八分满。

8. 韩信点兵

　　将最后几滴浓茶汤分别注入每个品茗杯中，以使茶汤均匀。

　　冲泡乌龙茶宜用沸开之水，煮至"水面若孔珠，春声若松涛，此正汤也"。按茶水1：30的量投茶。接着，将沸水冲入，满壶为止，然后用壶盖刮去泡沫。盖好后，用开水浇淋茶壶，喻为"孟臣淋霖"，既提高壶温，又洗净壶的外表。经过两分钟，均匀巡回斟茶，喻为"关公巡城"。茶水剩少许后，则各杯点斟，喻为"韩信点兵"，以免淡浓不一。冲水要高，让壶中茶叶流动促进出味，低斟则防止茶香散发，这叫"高冲低斟"。端茶杯时，宜用拇指和食指扶住杯身，中指托住杯底，喻为"三龙护鼎"。品饮乌龙，味以"香、清、甘、活"者为上，讲究"喉韵"，宜小口细啜。初品者体会是一杯苦，二杯甜，三杯味无穷，嗜茶客更有"两腋清风起，飘然欲成仙"之感。品尝乌龙时，可备茶点，一般以咸味为佳，不会掩盖茶味。

广东潮汕泡法

在广东的潮州、汕头一带，几乎家家户户、男女老少，均钟情于用小杯细啜乌龙。与之配套的茶具，诸如风炉、烧水壶、茶壶、茶杯，人称"烹茶四宝"，即玉书煨、潮汕炉、孟臣罐、若琛瓯。潮汕炉是一只粗陶炭炉，专做加热之用。玉书煨是一把瓦陶壶，高柄长嘴，架在风炉之上，专做烧水之用。孟臣罐是一把比普通茶壶小一些的紫砂壶，专做泡茶之用。若琛瓯是个只有半个乒乓球大小的杯子，通常3～5只不等，专供饮茶之用。因潮汕产的凤凰单枞，条索粗壮，体形膨松，故也有用盖碗代壶的。

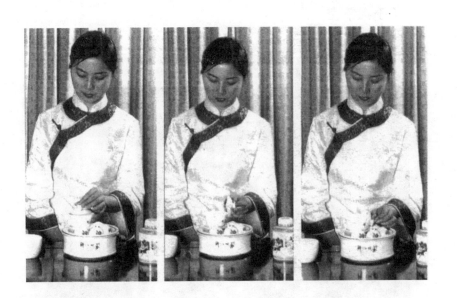

1. 温具

温盖碗，左手执碗盖，打开后将盖插入茶碗和盏托之间。

①手提茶壶。

②注水入碗。

③左手加盖。

2.置茶

　　用茶夹将茶从贮茶罐中取出置于茶碗之中。

注意：粒大的茶叶放在外围。细碎茶叶放在中

央。投茶量以盖碗的四分之三为宜。

①取茶夹置于茶海后方。

②打开贮茶罐盖子。

③用茶夹取茶置于盖碗内。

3. 温润泡

　　①右手执壶，沸水高冲入碗。

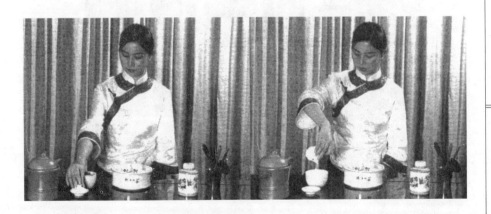

　　②立即将茶水倒入茶船中。

4. 高冲

　　右手执壶，高冲沸水入碗。

5. 壶盖刮沫

　　提盖平刮，沫即散坠。

6. 匀茶

用盖旋转侧挤叶底，加速内含物质浸出，并使茶汤均匀，亦可执盖闻香。

7. 洗杯

用茶夹夹住小茶杯清洗，废水倒入茶海。

8. 分茶

①取出盖碗。在茶巾上沾干碗底的残水。

②采用"关公巡城""韩信点兵"法。将茶叶均匀地倒入
每个杯中。为了不使茶香飘散，泡沫浮生，应采用低洒。

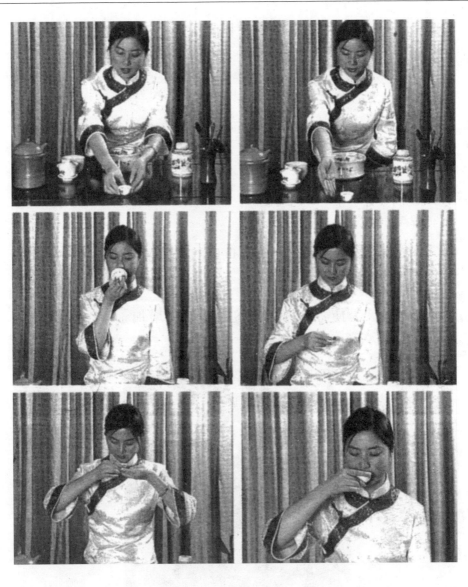

9. 奉茶

　　敬请来宾趁热自行取饮。闻其香，观其色，品其味（可配茶点）。

　　泡茶用水应选择甘洌的山泉水，而且必须做到沸水现冲。经温壶、置茶、冲泡、斟茶入杯，便可品饮，啜茶的方式更为奇特，先要举杯将茶汤送入鼻端闻香，只觉浓香透鼻。接着用拇指和食指按住杯沿，中指托住杯底，举杯倾茶汤入口，含汤在口中回旋品味，顿觉口有余甘。一旦茶汤入肚，口中"啧啧"回味，又觉鼻口生香，咽喉生津，"两腋生风"，回味无穷。这种饮茶方式，其目的并不在于解渴，主要是在于鉴赏乌龙茶的香气和滋味，重在物质和精神的享受。所以，凡"有朋自远方来"，对啜乌龙茶，都"不亦乐乎"！

台湾泡法

台湾泡法与闽南和广东潮汕地区的乌龙茶冲泡方法相比，突出了闻香这一程序，还专门制作了一种与茶杯相配套的长筒形闻香杯。另外，为使各杯茶汤浓度均等，还增加了一个公道杯相协调。

1. 温具

①从左到右依次注水入品茗杯中。

②右手提水壶，注水入紫砂壶与公道杯。

③将紫砂壶内的水倒入茶海中。

2. 赏茶

　　将取出的茶叶置于茶荷内，供来宾欣赏。

3. 投茶

　　①打开紫砂壶盖，将茶斗放于壶口上。

②将茶荷的圆口对准壶口，用茶匙轻拨茶叶入壶，投茶量为二分之一至三分之二壶。

4. 高冲

执茶壶高冲沸水入壶，使茶叶在壶中尽量翻腾。

5. 刮沫

　　用壶盖刮去泛起的泡沫，使壶内茶汤更加清澈洁净。

6. 淋壶、分茶

　　盖上壶盖后，用沸水洗烫壶外壁，内外加温，有利于茶香的散发，使茶叶处于一种含香欲放的状态，然后分茶。

台湾冲泡法，温具、赏茶、置茶、闻香、冲点等程序与福建相似，斟茶时，先将茶汤倒入闻香杯中，并用品茗杯盖在闻香杯上。茶汤在闻香杯中逗留 15～30 秒后，用拇指压住品茗杯底，食指和中指夹住闻香杯底，向内倒转，使品茗杯与闻香杯上下倒转。此时，用拇指、食指和中指撮住闻香杯，慢慢转动，使茶汤倾入品茗杯中。将闻香杯送近鼻端闻香，并将闻香杯放在双手的手心间，一边闻香，一边来回搓动。这样可利用手中热量，使留在闻香杯中的香气得到最充分的挥发。然后，观其色，细细品饮乌龙之滋味。如此经二至三道茶后，可不再用闻香杯，而将茶汤全部倒入公道杯中，再分别斟到品茗杯中。

红茶冲泡法

相对于绿茶（不发酵茶）的清汤绿叶，红茶（发酵茶）的特点是红汤红叶。红茶的种类很多，以大类而言有小种红茶、工夫红茶、红碎茶之分。

17 世纪中后期，福建崇安一带首先出现小种红茶制法，后又发展了工夫红茶制法。19 世纪，我国的红茶制法传到印度和斯里兰卡。之后，逐渐发展成将叶片切碎的"红碎茶"。

小种红茶是福建省特有的一种红茶，红汤红叶，有松烟香，味似桂圆汤。产于福建崇安县星村乡桐木关的"正山小种"，品质最好。

工夫红茶的工艺关键全在"工夫"二字，外披金黄毫，香浓、味重的工夫红茶是品质最优者。著名的工夫红茶有安徽祁门的"祁红"、云南的"滇红"、福建的"闽红"、湖北的"宜红"和江西的"宁红"。

红碎茶是茶叶揉捻时，用机器将叶片切碎呈颗粒型碎片，因外形细碎，故称红碎茶。

鉴别红茶优劣的两个重要感官指标是"金圈"和"冷后浑"。茶汤贴茶碗一圈金黄发光，称"金圈"。"金圈"越厚，颜色越金黄越亮，红茶的品质就越好。

所谓"冷后浑"是指红茶经热水冲泡后茶汤清澈，待冷却后出现浑浊现象。"冷后浑"是茶汤内物质丰富的标志。

红茶既适于杯饮，也适于壶饮。红茶品饮有清饮和调饮之分。清饮，即不加任何调味品，使茶叶发挥应有的香味。清饮法适合于品饮工夫红茶，重在享受它的清香和醇味。

先准备好茶具，如煮水的壶、盛茶的杯或盏等。同时，还需用洁净的水——加以清洁。如果是高档红茶，那么，以选用白瓷杯为宜，以便观察茶色。

将3克红茶放入白瓷杯中。若用壶泡，则按1：50的茶水比例，确定投茶量。然后冲入沸水，通常冲水至八分满为止。红茶经冲泡后，通常经3分钟即可先闻其香，再观察红茶的汤色。这种做法，在品饮高档红茶时尤为时尚。

1. 温器

2. 投茶

3. 高冲

4. 分茶

5. 闻香

6. 奉茶

　　至于低档茶，一般很少有闻香观色的。待茶汤冷热适口时，即可举杯品味。尤其是饮高档红茶，饮茶人需在品字上下功夫，缓缓啜饮，细细品味，在徐徐体察和欣赏之中，品出红茶的醇味，领会饮红茶的真趣，获得精神的升华。

　　调饮法是在茶汤中加调料，以佐汤味的一种方法。较常见的是在红茶茶汤中加入糖、牛奶、柠檬片、咖啡、蜂蜜或香槟酒等，也有的在茶汤中同时加入糖、柠檬、蜂蜜和酒同饮，或置冰箱中制作出不同滋味的清凉饮料，都别有风味。

　　如果品饮的红茶属条形茶，一般可冲泡2~3次。如果是红碎茶，通常只冲泡一次，第二次再冲泡，滋味就显得淡薄了。

泡沫红茶冲泡法

泡沫红茶是为适应青少年消费特点而研制出来的一种茶饮方式。由于风味独特，冰凉爽口，经济实惠，很快被青少年朋友接受。

泡沫红茶的泡制方法是：将 10 克红茶置于茶壶中，再冲入 300 毫升开水，冲泡 5 分钟后，将茶汤倒入调茶器，加入一半的冰块，迅速地摇动几下，随即加入果糖即可。

根据不同配方，目前泡沫红茶种类分为 9 大系列，多达 250 余种。据介绍，所用的茶叶原料，除了红茶之外，还有花茶、乌龙茶和绿茶。

1. 将冰块置入调茶器中。

2. 加入15℃的热红茶。

3. 加入14克的榨汁柠檬。

4. 再加入 28 克蜂蜜。

5. 然后再加以摇匀即可。

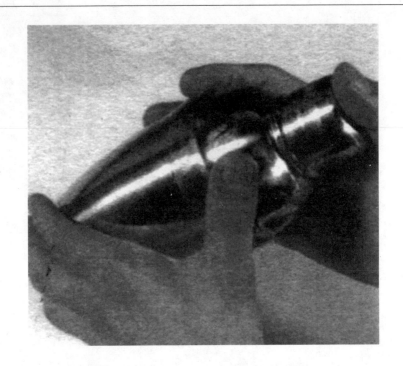

6. 把调好的泡沫红茶倒入杯内。

普洱茶的冲泡法

　　云南普洱茶，泛指云南原思普区用云南大叶种茶树的鲜叶，经杀青、揉捻、晒干而制成的晒青茶，以及用晒青压制成各种规格的紧压茶，如普洱沱茶、普洱方茶、七子饼茶、藏销紧茶、团茶、竹筒茶等。

　　普洱散茶外形条索肥硕，色泽褐红，呈猪肝色或带灰白色。普洱沱茶，外形呈碗状。普洱方茶呈长方形。七子饼茶形似圆月，七子为多子、多孙、多富贵之意。

1．赏具

2. 净具

3. 置茶

4. 涤茶

5. 注水

6. 淋壶

7. 出汤

8. 分茶

九道茶主要流行于中国西南地区，以云南昆明一带最为广泛。泡九道茶一般以普洱茶最为常见，多用于家庭接待宾客，所以，又称迎客茶。温文尔雅是饮九道茶的基本方式。因饮茶有九道程序，故名"九道茶"。

一是赏茶：将珍品普洱茶置于小盘，请宾客观形、察色、闻香，并简述普洱茶的文化特点，激发宾客的饮茶情趣。

二是洁具：迎客茶以选用紫砂茶具为上，通常茶壶茶杯、茶盘一色配套。多用开水冲洗，这样既可提高茶具温度，以利茶汁浸出；又可清洁茶具。

三是置茶：一般视壶大小，按1克茶泡50~60毫升开水比例将普洱茶投入壶中待泡。

四是泡茶：用刚沸的开水迅速冲入壶内，至3~4分满。

五是浸茶：冲泡后，立即加盖，稍加摇动，再静置 5 分钟左右，使茶中可溶物溶解于水。

　　六是匀茶：启盖后，再向壶内冲入开水，待茶汤浓淡相宜为止。

　　七是斟茶：将壶中茶汤分别斟入半圆形排列的茶杯中，从左到右，来回斟茶，使各杯茶汤浓淡一致，至八分满为止。

　　八是敬茶：由主人手捧茶盘，按长幼辈份，依次敬茶示礼。

　　九是品茶：一般是先闻茶香清心，继而将茶汤徐徐送入口中，细细品味，以享饮茶之乐。

白、黄茶的冲泡法

　　白茶的制法特殊，采摘白毫密披的茶芽，不炒不揉，只分萎凋和烘焙两道工序，使茶芽自然缓慢地变化，形成白茶的独特品质风格。

　　黄茶中的黄芽茶（另有黄小茶、黄大茶），完全用春天萌发出的芽头制成，外形壮实笔直，色泽金黄光亮，极度富有个性。因而黄茶、白茶的冲泡是富含观赏性的过程。

　　白茶冲泡法以冲泡白毫银针为例。为便于观赏，茶具通常以无色无花的直筒形透明玻璃杯为好，这样可以从各个角度欣赏到杯中茶的形和色，以及它们的变幻姿色。

　　先赏茶，欣赏干茶的形与色。白毫银针外形似银针落盘，如松针铺地。将 2 克茶置于玻璃杯中，冲入 70℃ 的开水少许，浸润 10 秒钟左右，随即用高冲法，同一方向冲入开水。静置 3 分钟后，即可饮用。白茶因未经揉捻，茶汁银难浸出，汤色和滋味均较清淡。

　　黄茶冲泡法，以君山银针冲泡为例。先赏茶，洁具，并擦干杯中水珠，以避免茶芽吸水而降低茶芽竖立率。置茶 3 克，将 70℃ 的开水先快后慢冲入茶杯，至二分之一处，使茶芽湿透。稍后，再冲至七八分杯满为止。为使茶芽均匀吸水，加速下沉，这时可加盖，经 5 分钟后，去掉盖。在水和热的作用下，茶姿的形态，茶芽的沉浮，气泡的发生等，都是其他茶冲泡时罕见的，只见茶芽在杯中上下浮动，最终个个林立，人称"三起三落"，这是君山银针的特有现象。

花茶冲泡法

花茶，在国际市场上泛指添加香料的茶，不管其香源来自鲜花抑或是化学合成的添加香料。但在我国，花茶窨制都采用新鲜花朵，尤以茉莉花为多，英文称为 Jasmine Tea。窨制花茶的茶胚以绿茶为多，也用红茶和乌龙茶，窨制花茶用的香花有茉莉花、玫瑰、珠兰、玉兰、栀子、桂花、柚子花、玳玳花、菊花等。

1．赏茶

有人说，花茶融茶味之美、鲜花之香于一体，是诗一般的茶。

2. 注水

3. 净具

4. 投茶

5. 冲泡

6. 浸润

7. 注水

8. 浸泡

9. 品饮

品饮花茶先看茶胚质地，好茶才有适口的茶味；其次看蕴含香气如何。这有三项质量指标：一是香气的鲜灵度（香气的新鲜灵活程度，与香气的陈、闷、不爽相对），二是香气的浓度，三是香气的纯度。

一般品饮花茶的茶具选用的是白色的有盖杯，或盖碗（配有茶碗、碗盖和茶托），如冲泡茶胚是特别细嫩的花茶，为提高艺术欣赏价值，也有采用透明玻璃杯的。泡饮花茶，首先欣赏花茶外观，花茶有一些显眼的花干，那是为了"锦上添花"。人为加入的花干没有香气，因此不能看花干多少而论花茶香气、质量的高低。

花茶泡饮，以维护香气不致无效散失和显示茶胚特质美为原则。对于冲泡茶胚细嫩的高级花茶，宜用玻璃茶杯，水温在85℃左右，加盖。观察茶在水中飘舞、沉浮，以及茶叶徐徐开展，复原叶形，渗出茶汁，汤色的变化过程，称之为"目品"。3分钟后，揭开杯盖，顿觉芬芳扑鼻而来，精神为之一振，称为"鼻品"。茶汤在舌面上往返流动一两次，品尝茶味和汤中香气后再咽下，此味令人神醉，此谓"口品"。冲泡中低档花茶，不强调观赏茶胚形态，宜用白瓷杯或茶壶，100℃沸水加盖。

蜀都盛行盖碗茶

在汉民族居住的大部分地区都有喝盖碗茶的习俗，而以我国的西南地区的一些大、中城市，尤其是成都最为流行。盖碗茶盛于清代，如今，在四川成都、云南昆明等地，已成为当地茶楼、茶馆等饮茶场所的一种传统饮茶方法。一般家庭待客，也常用此法饮茶。

1. 备具

饮盖碗茶一般说来，有五道程序：一是净具：用温水将茶碗、

2. 净具

3. 净具

4. 净具

5. 置茶

6. 注水

7. 洗茶

8. 洗茶

9. 注水

10.　出汤

11.　洗杯

12. 分茶

碗盖、碗托清洗干净。二是置茶：用盖碗饮茶，摄取的都是珍品茶，常见的有花茶、沱茶以及上等茶，常取 3～5 克。三是沏茶：一般用初沸开水冲茶，冲水至茶碗口沿时，盖好碗盖，以待品饮。四是闻香：泡 5 分钟左右，用右手提碗托，左手掀盖，随即闻香舒腑。五是品饮：用左手握住碗盖，右手提碗抵盖，倾碗将茶汤徐徐送入口中，品味润喉，提神消烦，真是别有一番风情。

第十九章
谈古论今茶文化

茶与唐诗宋词

　　唐诗宋词是中国文学史长河中一座永恒的丰碑，千百年来，唐诗宋词以其独特的文学形式和极为丰富的艺术意蕴，吸引着无数文人穷其一生风华为之吟作。茶有益神思，佐人以宁静，涤烦升清，以及茶饮形式的文雅儒秀，内涵的博大精深，使茶成为唐诗宋词中被文人吟唱不已的主题之一。

　　诗仙李白《答族侄僧中孚赠玉泉仙人掌茶》诗云：

尝闻玉泉山，山河多乳窟。

仙鼠白如鸦，倒悬清溪月。

茗生此中石，玉泉流不歇。

根柯洒芳津，采服润肌骨。

丛老卷绿叶，枝枝相连接。

曝成仙人掌，似拍洪崖肩。

举世未见之，其名定谁传。

宗英乃禅伯，投赠有佳篇。

清镜烛无盐，顾惭西子妍。

朝坐有余兴，长吟播诸天。

李白

酒中之仙詩中之聖

經濟有才束銷無命

此诗是李白众多诗歌中极为出色的咏茶名作，记述公元752年李白游金陵，与族侄中孚禅师不期而遇于栖霞寺，欣喜万分，共叙亲谊。临别之时，禅师赠李白仙人掌茶，并求诗人作诗以答，故而茶史、诗史均添佳篇。诗中"茗生此中石，玉泉流不歇。根柯洒芳津，采服润肌骨"生动地描写了此茶生长的优异环境和极为上乘的茶叶品质，直至"朝坐有余兴，长吟播诸天"，抒发了诗人由衷地赞美茶饮助诗兴的情景，与诗仙"斗酒诗百篇"有异曲同工之妙。

　　诗人卢仝《走笔谢孟谏议寄新茶》（又名《七碗茶诗》）诗云：

　　　　　日高丈五睡正浓，军将打门惊周公。

　　　　　口云谏议送书信，白绢斜封三道印。

　　　　　开缄宛见谏议面，手阅月团三百片。

　　　　　闻到新年入山里，蛰虫惊动春风起。

　　　　　天子须尝阳羡茶，百草不敢先开花。

　　　　　仁风暗结珠蓓蕾，先春抽出黄金芽。

　　　　　摘鲜焙芳旋封裹，至精至好且不奢。

　　　　　至尊之余合王公，何事便到山人家？

　　　　　柴门反关无俗客，纱帽笼头自煎吃。

　　　　　碧云引风吹不断，白花浮光凝碗面。

　　　　　一碗喉吻润，二碗破孤闷。

　　　　　三碗搜枯肠，唯有文字五千卷。

　　　　　四碗发轻汗，平生不平事，尽向毛孔散。

　　　　　五碗肌骨清，六碗通仙灵。

七碗吃不得也，唯觉两腋习习清风生。

蓬莱山，在何处？玉川子乘此清风欲归去。

山中群仙司下土，地位清高隔风雨。

安得知百万亿苍生命，堕在颠崖受辛苦！

便为谏议问苍生，到头舍得苏息否？

这是一首古典茶诗的旷世之作，诗人以其对茶的深刻理解和作诗的神来之笔，为后世叙述茶对人们的重要。诗中告诉我们，诗人紧闭柴门独自煎茶，谢绝俗客打扰，茶汤升腾起氤氲之气似碧云般凝结于茶碗表面，微风吹也吹不散。一碗茶饮后喉舌滋润生津，睡意全消；二碗下肚，胸中的烦浊郁闷之情随之而去；三碗喝罢，神清气爽，文思泉涌，百卷书顷刻而生；四碗饮后，平生不快之事，全由毛孔散之无影无踪；五碗茶饮，通体舒泰，轻松自如；六碗茶喝下去，仿佛进入了仙境一般；第七碗茶那是不能再喝得了，你只感到两腋生出习习清风，羽化而登仙，悠悠然，飘飘忽，直问"蓬莱仙境在何处"，"我欲乘风归去"。

诗人以极其浪漫主义的手法为后人营造出品茶的高雅之境，并巧妙地讽刺帝王专横跋扈、为所欲为的封建权势，"天子须尝阳羡茶，百草不敢先开花"，这种大胆的描写，在茶诗中可谓绝无仅有。

宋代因朝廷提倡饮茶，斗茶、分茶技艺盛行，朝野上下，茶事活动大兴，宋词因而有了许多关于茶的佳作。

大文豪苏东坡《水调歌头》词云：

已过几番雨，前夜一声雷，枪旗争战，建溪春色占先魁。采取枝头雀舌，带露和烟捣碎，结就紫云堆。轻动黄金辗，飞起绿尘埃。老龙团，真风髓，点将来，兔毫盏里，霎时滋味舌头回。唤醒青州从事，战退睡魔百万，梦不到阳台。两腋清风起，我欲上蓬莱。

苏东坡在词中用写实的手法先叙述建溪名茶在雨后茁壮成长，争相露尖，独领春色，转而笔点茶叶制作的道道工序，"紫云堆、黄金辗、绿尘埃"，形象而生动，再写宋代斗茶用的龙团茶在黑釉兔毫茶盏中的情景。如此品茶，岂只是饮之能战退睡魔？正如卢仝所言："飘飘然羽化而登仙，蓬莱山在何处。"

大书法家黄庭坚，为苏门四学士之一，于茶心仪处似不让其书矣。他的《品令》读来令人回味无穷。词云：

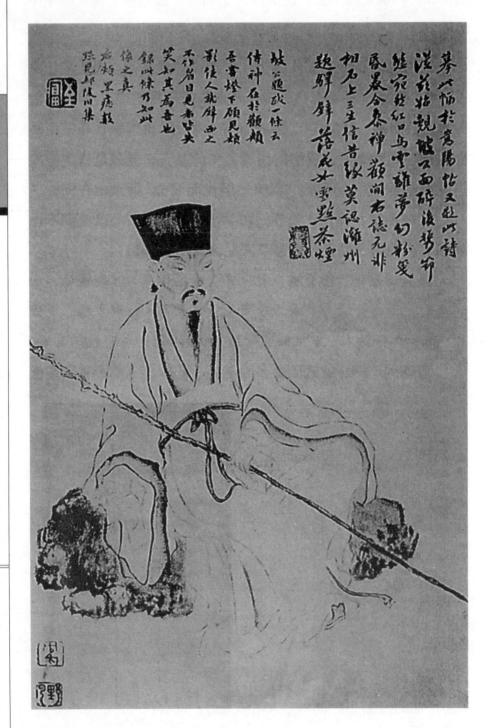

风舞团团饼，恨分破，教孤零。金渠体净，只轮慢碾，玉尘光莹。汤响松风，早减二分酒病。味浓香永，醉乡路，成佳境。恰如灯下故人，万里归来对影，口不能言，心下快活自省。

与苏词不同，黄庭坚更多着笔墨于饮之茶人的心情，想念起远方的友人，茶使诗人忘记了孤独。黄庭坚的茶词中每每将茶与人联系得丝丝入扣，极为巧妙，用字雅宜韵致，长短句节奏变幻，使茶饮的意蕴平添出几分幽幽的文雅气息。

茶与小说——《红楼梦》

"一部红楼梦，满纸茶叶香。"这部旷世奇书几乎是以茶演绎展述情节内容的。《红楼梦》中的茶与文人雅士、琴棋书画融为一体，极富诗意。作者曹雪芹可称为清代著名的"茶学博士"，他对茶的属性、茶具、茶水、品茗要略等茶艺事项认识得非常透彻，全书共描写茶事活动有 260 处之多。

第四十一回《贾宝玉品茶栊翠庵》是《红楼梦》一书描述品茗最为精彩的章节：

只见妙玉亲自捧了一个海棠花式雕漆填金"云龙献寿"的小茶盘，里面放了一个成窑五彩小盖钟，捧与贾母。贾母道："我不吃六安茶"，妙玉笑说："知道，这是老君眉。"贾母接了，又问这是什么水？妙玉笑回"是旧年蠲的雨水"，贾母便吃了半盏。

这栊翠庵的妙玉可谓精于茶事，奉贾母用的是珍贵无比的明代瓷茶碗和老君眉茶。老君眉即君山银针，自清代始贡朝廷。妙玉一则奉上这等无上供品以示尊敬；二则因其名为老君眉，即茶叶条索白如寿星的眉毛，意为饮之长寿，故而有奉承的含义在其中。

　　更妙的是妙玉亲自向风炉扇滚了一壶在玄墓蟠香寺内梅花瓣上得的一花瓮已埋于地下 5 年的雪水，拉宝玉、黛玉、宝钗到耳房喝"体己茶"，妙玉给宝玉的是自己常用的那只绿玉斗；给宝钗的是苏东坡曾经把玩过的，即按模子生长成型的葫芦风干后做成的饮具，亦称瓟斝，上有东坡题字"宋元丰五年四月眉山苏轼见于秘府"，以及"晋王恺珍玩"的一行小楷书；给黛玉用的是似钵而小，用犀牛角做成的茶具，上有三个篆字"点犀䀉"，暗合唐代诗人李商隐诗句"心有灵犀一点通"之意。虽然给宝玉用的是自己日常所用的绿玉斗，珍贵不及宝钗、黛玉所用，但正说明妙玉与宝玉的关系不同一般。这位缁衣女尼，面对晨钟暮鼓，青灯古佛，似凡心未泯。从水、茶具到品茗，讲究如此，足显妙玉的超凡脱俗。这些阳春白雪式的茶事，是曹雪芹等明清文人雅士书斋式品茗的写照。

茶与书法篆刻

茶与书法篆刻的结缘最早可上溯到战国时期，古玺印即有"候茶"、"事茶"之例。至长沙马王堆出土的西汉木简上的"檟"、"笥"二字，以及湖州出土的东汉陶瓮上有隶书"茶"

字，汉印中"张茶"、"茶陵"等进一步提供了佐证。唐代陆羽《茶经》问世后，又推动了文人与茶结缘的深化，茶及茶事经常出现在各种艺术作品中。以茶作书不仅为书法家所爱，茶书法更成为茶文化的重要内容，茶与书法相得益彰。尤其是明清时期，随着金石学的兴起，篆刻艺术从沉寂千年中崛起，流派纷呈，名家辈出，竞一时之秀，以茶为主题的篆刻作品纷纷问世，在明清流派印及茶文化史中成为令人注目的亮点。

唐·僧怀素《苦笋帖》

《苦笋帖》为唐代书僧怀素的草书佳作。怀素（725－785），字藏真，本姓钱，湖南长沙人。幼时家贫，以焦叶代纸，废笔成冢，后得颜鲁公指授，从"夏云多奇峰"悟草书笔意，成为唐代与草圣张旭齐名的大家。李白有诗赞曰："少年上人号怀素，草书天下称独步。墨地飞出北溟鱼，笔锋杀尽中山兔。"

《苦笋帖》现藏上海博物馆，共计书写 14 个字，曰："苦笋及茗异常佳，乃可径来，怀素上。"虽然字幅较小，却是怀素和尚真迹中最为可靠的一件佳作。该书用笔圆润劲健，开头数字，循规蹈矩，笔断意连，往后则渐入佳境，笔随意驰，连绵不绝，一气呵成。结构上，虚实开合，一应自然。怀素草书多为长篇巨制，如《自叙帖》等，然与此帖相比，狂野之气多而无此帖之清新雅逸，《苦笋帖》名重于书林，亦为茶文化史上的无上珍宝。

北宋·苏东坡《天际乌云帖》和《一夜帖》

大文豪苏东坡在书法史上是著名的"宋四家"之一，这源于他深厚的文学底蕴。他的书法作品与其诗、词、文一样尚意抒情，逸气勃发，意态俊朗。他于茶事十分喜爱，据传他为官之余，常游名山大川，汲泉烹茗，邀友品啜。为便于野外茶事活动，他还

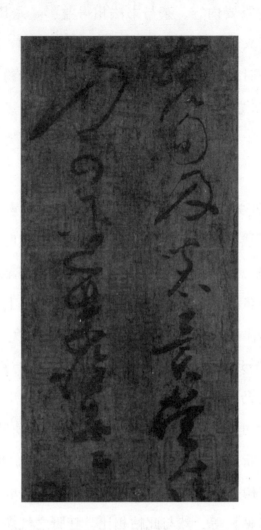

设计了著名的提梁茶壶，后世称之"东坡提梁壶"。他的传世书法作品有许多与茶相关，有《天际乌云帖》、《新岁展庆帖》、《啜茶帖》和《一夜帖》等。

《天际乌云帖》为东坡44岁成熟时期的书法作品，帖中记述"宋四家"之一的蔡襄（字君谟）在杭州与名妓周韶"斗茶"失败的趣事："杭州营籍周韶多蓄奇茗，常与君谟斗，胜之。"蔡襄在宋代可谓为茶艺高手，著有《茶录》，史传其爱斗茶，一生仅输于二人，即苏东坡与周韶。此帖历代藏者奉若拱璧，先后有元

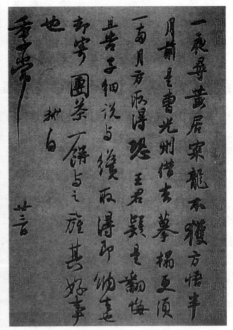

代虞集、倪云林，明代董其昌及清代翁方纲等题跋，并有东坡小像于前。

《一夜帖》又名《季常帖》，为苏东坡写给友人陈季常的一封手札。陈季常为北宋文人，擅饮，常与友人烹酒论英雄，中年静心读书，至晚年深居简出，不与世闻。

书札内容大致为王君向苏轼借一张黄居采的画，苏东坡找了一个晚上没找到，后来记起是曹光州借去临摹未还，为了避免误会，写此书，请陈季常向王君解释，并说此画一旦取回，马上送去，为表歉意，特地随信带去"团茶一饼"。此书札用笔精妙圆润，重而不涩，轻处全用颜鲁公折钗股，故气息醇厚，意态隽永。

北宋·蔡襄《精茶帖》

蔡襄（1012－1067），字君谟，兴化仙游人，天圣八年进士，官至端明殿学士，知杭州，为著名的"宋四家"之一。苏东坡评其书为："君谟书天资既高，积学深至，心手相应，变态无穷，遂为本朝第一。"

《精茶帖》现藏于故宫博物馆。此帖用笔温雅儒秀，意态隽永，时疾时徐，一应自然，虽短简数行直入晋室，复神采奕奕。蔡襄一生精于茶事，茶名或为书名所掩，然而，他作为书法家同时作为著名茶人，历代文人无人能与之比肩。

明·徐渭《煎茶七类》

徐渭（1521－1593），初字文清，改字文长，号天池，又号青藤、青藤老人，浙江山阴人（今绍兴）。画史上与陈淳并称青藤白阳。

徐文长于茶事一道，颇有贡献，曾依陆羽范式作《茶经》一卷。《煎茶七类》是他书艺与茶事相结合的倾心之作。此书有宋米芾笔意，洒脱清新，润滑，笔泽丰腴，严谨处见变幻多端，是茶文化史上举足轻重的作品。《煎茶七类》有石刻本，原石藏在浙江上虞曹娥庙，为天香楼藏帖的组成部分。

清·黄易《茶熟香温且自看》

"西泠八家"的黄易（1774－1803），字大易，一字小松，号秋庵等。幼承家学，性喜游历名山大川，搜访残碑古碣，长于金

石考证。所作《茶熟香温且自看》一印用刀恢恢，斩钉截铁，线条质拙沉着，意态古朴浑厚，整体布局停匀妥帖，平中蕴险，是典型的浙派风格。

清·钱松《茗香阁》

钱松（1818－1860），字叔盖，又字耐青。篆刻受西泠丁敬、蒋仁的影响，复上涉秦汉，因而在刀法、篆法上独辟蹊径，赵之琛见到他的作品时惊叹道："此丁、黄后一人，前明文、何诸家不及也。"《茗香阁》为他的代表作品之一，刃游于石间，悠悠不迫，披削横行，轻浅取势，线条质拙生涩，意境高古，在"西泠八家"中印风别具一格。

清·吴昌硕和黄士陵之茶印

吴昌硕（1844－1927），原名俊，又名俊卿，字仓石，又字昌硕。工诗文，擅石鼓文书法，任西泠印社首任社长，是海派绘画艺术的杰出代表人物。

吴昌硕先生也作有茶印如《茶》、《茶禅》、《茶苦》，均大气磅礴，浑厚古朴，苍茫质拙，意入秦汉，虽一二文字，但味幽韵深，是茶印中不可多得的精品。

黄士陵（1849－1908年），字牧甫，号黟山人、倦游窠主等，安徽黟县人，为晚清篆刻黟山派创始人。曾以吴让之先生法作《茶熟香温且自看》，结体雍容大度，自然流畅。并为褚德彝造"角茶轩勘碑墨"，可称奇品。

茶与国画

唐·阎立本《萧翼赚兰亭图》

茶进入画家视野，最早可上涉到唐代阎立本的《萧翼赚兰亭图》。画面描述的是唐太宗为了得到书圣王羲之所写天下第一行书《兰亭序》，派谋士萧翼从辩才和尚手中骗取真迹的故事。

《萧翼赚兰亭图》为绢本工笔着色，宋代沈揆、明代沈翰及清代扬州八怪之一的金农先后跋文。从画面看，阎立本勾勒出机智狡猾的萧翼聆听正高谈阔论而显厚道的辩才和尚。虽然辩才已高龄80，但两目清癯，神情自逸，坐于禅榻之上，隐约禅宗高人之像。二人相对而坐，侍者僧立于其间，右为烹茶的老者和侍者。老者蹲坐在蒲团上，手持"茶夹子"正欲搅动釜中刚投入的茶末，侍童弯腰手持茶托茶盏，准备"分茶"入盏。另右下角有方茶桌，放着茶碾、茶罐等器物。

这幅一千多年前的佛门茶事画，形象生动，惟妙惟肖地展示了唐代茶艺的详细情景，是茶文化史上不可多得的瑰宝。

唐·佚名《宫乐图》

佚名《宫乐图》描绘了唐代宫廷贵妇们聚会品茗、奏乐的场

面。图中置中间一张长方大桌子，10位美发高髻、衣饰华丽的女子围坐在三面，5人品茗，其中一人持长柄茶杓于鍑中取茶汤"分茶"于各位，其余5人吹觱篥、吹笙、弹琵琶等，花猫伏卧在案下，有仕女站立饮茶者后，手正欲前伸接贵妇人饮毕而空的茶碗。她们边啜茗，边听乐，时而轻声交谈，摇曳手中的团扇，雍容自如，悠然自得，恬静宜雅的宫廷贵族生活瞬间凝固在画面上。陆羽《茶经·五之饮》载曰："茶性俭，不宜广。"即茶味要浓郁，煮茶最大容量不宜超过五碗，茶饮的目的非为止渴，乃取其致清导和、息心静气而已。从这个角度来看，《宫乐图》的意义在于记录并描绘了唐代茶事活动，用形象生动、清晰直观的绘画艺术佐证了陆羽《茶经》所述。

元·赵孟頫《斗茶图》

宋代斗茶技艺盛行，以斗茶题材入画自宋即有。宋代刘松年有《茗园赌市图》（见本书第15页），元代钱选有《品茶图》等，但最为传神的莫过于元代赵孟頫的《斗茶图》。

赵孟頫（1254－1322）字子昂，号松雪、水晶宫道人，湖州人，宋朝宗室。书法承继二王，擅画山水、人物、马、花、竹、木、石等。

此图为赵孟頫在刘松年《茗园赌市图》的基础之上，突出几位斗茶者注水入壶的情景。每位斗茶者自提炭炉，长嘴小壶置于炉上，画面的中心描绘了一位执壶向盏内注水，身体前倾，左臂

捧盏向内，神情专注，似已胜券在握的斗茶者。对面一老者，面带微笑，在已品完茗后正用鼻嗅茶盏余香，老者身后一年轻人正举盏饮尽盏中之茶，余者等待斗茶的最后胜负评判。整个画面用笔细腻遒劲，人物神情的刻画充满戏剧性张力，动静结合，将斗茶的趣味性、紧张感表现得淋漓尽致。

明·唐寅《事茗图》

唐寅（1470－1523），字子畏，又字伯虎，号六如，长州人（今苏州），擅长山水、人物、花鸟，是明代杰出的画家。早年师法两宋李成、范宽、李唐、马远、夏珪诸家，后涉笔元代赵孟頫、黄公望、王蒙画法，故唐寅画承继两宋院体严谨之风较多，同时又有元人清新洒脱的气息。

《事茗图》是一幅反映唐寅"心隐于山林"、"瀹茗问艺"生活的作品，整幅画面由两部分组成。左边为唐寅自作题画诗，诗云："日长何所事？茗碗自赍持。料得南窗下，清风满鬓丝。"右边卷首则是唐寅好友，"吴门四才子"之一的文徵明用隶书题写"事茗"二字。画卷中央唐寅用其典型的山水人物画法勾勒出高山峻崖，巨石苍松，飞泉急瀑，满纸的云雾缭绕中有茅舍数间隐于竹林中。茅舍中一人正伏案就读，案头置茶壶、茶盏等物事，一童子正扇火烹茶；茅舍外，有老者持杖过板桥来访，书童抱古琴紧随其后，远处高山时隐时显，一派"采菊东篱下，悠然见南山"的文士隐居意境。茶与诗画如此和谐地融合，是唐寅的茶缘，亦是唐寅闲隐生活的写照。

明·文徵明《惠山茶会图》

文徵明（1470－1559），字征明，号衡山，长州人（今苏州）。文徵明学画，远师两宋郭熙、李唐，近追元代赵孟𫖯和王蒙，师古人重于"神会意解"而不在乎"一笔一墨之肖"，故文徵明的画有鲜明的个人风格。他在书画之余又精于茶事，著有《龙茶录考》，并考证宋代蔡襄《茶录》等茶史资料。他一生创作大量有关茶事的绘画作品，其中以《惠山茶会图》最为著名。

《惠山茶会图》表现的是明代正德十三年（公元1518年）清明时节，文徵明与友人王宠、蔡羽、汤珍、王守游惠山，于"天下第二泉"旁烹茗雅集的场景。图中茂密幽深的树林中，文徵明同好友围坐于井亭旁，观水读书，有两人或漫步于林间松下，或忙于茶事准备。另有侍童四人游于其中，林泉高致，幽逸闲适，茶事之美，无出其右。此画将明代文人饮茶回归自然，以茶雅志的特征表现得十分透彻，另如明代陈鸿寿的《停琴啜茗图》。

清·李方膺《梅兰砂壶图》

李方膺（1695－1754），字虬仲，号晴江等，江苏南通人。

其为人傲岸不羁，刚正廉洁，先后任乐安、合肥及兰山县知县。他重视民众疾苦，得罪权贵，终于罢官身退，客居金陵、扬州等地，以卖画鬻艺为生。

李方膺擅画梅，亦长于画松、兰、竹、菊，偶作鱼、虫，则"纵横跌宕，意在青藤白阳之间"。《梅兰砂壶图》为李方膺传世仅有的茶画，作者以极为精练的笔法和着墨，勾勒高古拙朴的砂壶茶碗，佐以梅、兰、竹及泥盆、破罐、怪石衬之，飘逸素洁，已非寻常人品茗之境。李方膺在几乎一半的空间用洒脱自然的书法题曰："峒山秋片茶，烹惠泉，贮砂壶中，色香乃胜。光福梅花开时，折得一枝归，吃两壶，尤觉眼耳鼻舌俱游清虚世界，非烟人可梦见也。"作者心中的茗事，应该是茶好、水佳、器精及有雅宜幽绝的品茗之境。

清·蒲华《茶熟菊开图》

蒲华（1830－1911），原名成，字作英，号胥山野史，嘉兴人，是海派绘画的主力画家。

蒲华绘画取法青藤白阳，山水宗元吴镇法，笔力雄健，墨潘淋漓，气势磅礴，故有"嘉道之后，唯缶翁与蒲华能之"。他曾说"作画宜求精，不可求全"、"落笔之际，忘却天，忘却地，更要忘却自己，才能成为画中人"等。

作者在《茶熟菊开图》画面的中央画一提梁茶壶，开门见山点明画事主题，复于壶后勾勒出玲珑奇出的太湖石，卧于纸上，两朵盛开的菊花摇曳生姿。作者仅以墨及淡彩设色，画面简洁素雅，清新袭人，"茶已熟，菊正开。赏秋人，来不来？"这里画家

用类似童谣的语言，问读者：谁是知音，能与之烹茗品菊，共赏佳秋？

清·吴昌硕《品茗图》

　　吴昌硕绘画取法八大山人、青藤白阳及扬州八怪中的李方膺与金农，又揉合近人赵之谦、任伯年画意，并惯以其擅长的石鼓文笔意于画中，故而他的绘画用笔雄强劲健、浑厚苍茫。他强调诗、书、画、印在一幅作品中的密切配合，从而开创了中国画一代新风。他画过许多关于茶的作品，《品茗图》即为其中之一。

　　画面上，缶翁用粗犷豪迈的篆法用笔，绘出古朴质拙、憨厚墩实的茶壶与茶碗，并一改浓彩重着，只以轻轻汁绿稍事烘染茶壶，故而朴中见雅，又从右侧生寒梅三枝，横于纸上，花开朵朵，

生动有致，情趣别出。缶翁题曰："梅梢春雪活火煎，山中人兮
仙乎仙。"充分表明吴昌硕赏梅爱茶的高雅品格，以及向往自然、
回归自然的美好愿望。